Mathias Fischedick
Überleben unter Kollegen

PIPER

Zu diesem Buch

Auch wenn es für Sie vielleicht noch unglaublich klingt, es gibt einen Weg, wie Sie es schaffen können, mit (fast) jedem Kollegen eine entspannte und produktive Arbeitsbeziehung herzustellen. Im Vergleich zu anderen Büchern werden Sie hier keine Anleitungen finden, wie Sie gegen Ihre Kollegen kämpfen, sie manipulieren oder dominieren können. Mathias Fischedicks Konzept basiert vielmehr auf einem Umgang auf Augenhöhe. Denn das Erfolgsrezept für eine gute und vor allem nachhaltige Kollegialität ist unser Verständnis, warum manche Kollegen nerven und andere nicht. Mit einfach nachvollziehbaren und in der Praxis erfolgreich erprobten Tools zeigt der erfahrene Businesscoach, wie eine kooperative Beziehung selbst zu den anstrengendsten Kollegen, Chefs und sogar Kunden gelingt.

Mathias Fischedick, 1970 in Essen geboren, ist Jobcoach. Als ehemaliger TV-Producer kommt er aus der Praxis. Nach 15 Jahre in Führungspositionen bei internationalen Medienkonzernen weiß er, welche zwischenmenschlichen Herausforderungen in der täglichen Zusammenarbeit zu meistern sind. Seit über zehn Jahren unterstützt er seine Klienten als Coach dabei, beruflich und privat eine größere Zufriedenheit zu erreichen. Sein Programm »Überleben unter Kollegen« läuft seit Frühjahr 2018 deutschlandweit im Radio, u. a. auf SR1 und Radio Bremen. Aktuell geht er mit dem Thema auch live auf Tour und hält unterhaltsame Vorträge für Unternehmen.

Mathias Fischedick

ÜBERLEBEN UNTER KOLLEGEN

Wie die Zusammenarbeit mit Nervensägen gelingt

Mit 20 Schwarz-Weiß-Abbildungen

PIPER

Mehr über unsere Autoren und Bücher:
www.piper.de

Von Mathias Fischedick liegt im Piper Verlag vor:
Wer es leicht nimmt, hat es leichter

Originalausgabe
ISBN 978-3-492-31325-4
1. Auflage Oktober 2018
3. Auflage Dezember 2019
© Piper Verlag GmbH, München 2018
Illustration: Martin Reinl/Mathias Fischedick
Umschlaggestaltung: FAVORITBUERO, München
Umschlagabbildung: Martin Reinl
Satz: Kösel Media GmbH, Krugzell
Gesetzt aus der Raleigh
Druck und Bindung: CPI books GmbH, Leck
Printed in the EU

Inhaltsverzeichnis

TEIL 1
Der tägliche Wahnsinn mit den Kollegen   17

TEIL 2
Warum manche Kollegen so anstrengend sind 59

TEIL 3
Ihre Entscheidung: Kämpfen oder Spielen 89

Vorwort

Sie haben auch diesen einen Kollegen, dessen Anwesenheit allein Sie auf die Palme bringt? Und dann ist da noch die nervige Tussi aus der Nachbarabteilung, die in Meetings einfach unerträglich ist? Wahrscheinlich gehen Ihnen jetzt noch mehr Namen und Gesichter Ihrer »lieben Kollegen« durch den Kopf, denn ansonsten würden Sie dieses Buch nicht in Händen halten. Ja, es ist Fakt: Eine Menge unserer Energie verschwenden wir im Job täglich damit, uns mit nervigen und anstrengenden Kollegen auseinandersetzen zu müssen. Die Folgen sind zeitraubende Machtkämpfe, unfaire Spielchen, sinkende Motivation, Frustration, schlechtes Teamwork, miese Ergebnisse und am Ende tobende Chefs oder sogar kranke Mitarbeiter.

Seit über zehn Jahren begleite ich als Businesscoach Angestellte und Führungskräfte bei ihren Herausforderungen im täglichen Miteinander. Meine Erfahrung zeigt, dass es selten das Fachliche ist, das zu Konflikten in der Zusammenarbeit führt, sondern vor allem das Zwischenmenschliche für Stress unter Kollegen sorgt: »Wenn der Kevin noch einmal so blöd fragt, dann explodiere ich!«, »Mein Chef versteht mich einfach nicht!«, »Warum kann die Petra nicht endlich die Aufgaben so umsetzen, wie ich es ihr sage?« Typische Sätze, wie ich sie im Coaching sowohl von Mitarbeitern als auch von Chefs häufig zu hören bekomme.

Klar, dass Sie sich Ihre Kollegen nicht aussuchen können – es sei denn, Sie sind der Big-Boss. Doch wie kann es gelingen, so mit den Arbeitsgenossen umzugehen, dass sie weniger nerven und am Ende alle gut zusammenarbeiten und wieder mehr Freude bei der Arbeit haben? Die Lösung steckt in diesem Buch. Auch wenn es für Sie vielleicht noch unglaublich klingt, es gibt einen Weg, wie Sie es schaffen können, mit (fast) jedem Kollegen eine entspannte und produktive Arbeitsbeziehung herzustellen.

Im Vergleich zu anderen Büchern werden Sie hier keine Anleitungen finden, wie Sie gegen Ihre Kollegen kämpfen, sie manipulieren oder dominieren können. Das Konzept, das ich Ihnen vorstelle, basiert vielmehr auf einem Umgang auf Augenhöhe. Denn das Erfolgsrezept für eine gute und vor allem nachhaltige Kollegialität ist unser Verständnis, warum manche Kollegen nerven und andere nicht. Mit einfach nachvollziehbaren und in der Praxis erfolgreich erprobten Tools zeige ich Ihnen, wie Sie eine kooperative Beziehung selbst zu den anstrengendsten Kollegen, Chefs und sogar Kunden aufbauen können.

Um den größten Nutzen zu erzielen, empfehle ich Ihnen, sich nicht nur einzelne Übungen herauszupicken, sondern das ganze Buch chronologisch zu lesen. Denn eine wichtige Grundlage für die erfolgreiche Umsetzung ist es, das von mir entwickelte »WOW!-Prinzip« Schritt für Schritt zu verinnerlichen. Es geht dabei um Ihre Grundhaltung sich selbst und anderen Menschen gegenüber sowie um den spielerischen Umgang mit herausfordernden Situationen. Diese Leichtigkeit werden Sie auch beim Lesen spüren, denn meiner Erfahrung nach lassen sich schwere Themen mit einer Portion Humor viel leichter angehen.

Liebe Leserinnen, aufgrund der besseren Lesbarkeit habe ich mich entschieden, im Folgenden nur die männliche Form zu verwenden. Ich hoffe, Sie fassen diese Entscheidung nicht als Respektlosigkeit Ihnen gegenüber auf. Natürlich bezieht sich alles, was ich schreibe, nicht nur auf Leser und Kollegen, sondern ebenso auf Leserinnen und Kolleginnen.

Und nun wünsche Ich Ihnen viel Vergnügen beim Lesen! Ich bin mir sicher, Sie werden im Anschluss nicht nur Ihre Kollegen, sondern auch viele Menschen in Ihrem privaten Umfeld mit anderen Augen sehen.

Mathias Fischedick, im Sommer 2018

Warum die Zusammenarbeit zu einer immer größeren Herausforderung wird

Der morgendliche Weg zur Arbeit wird immer öfter von dem Gefühl begleitet, in den Kampf zu ziehen. Woher kommt das? Nach meiner Erfahrung liegt es daran, dass sich die Art der Zusammenarbeit in den letzten Jahren stark verändert hat. Vorbei sind die Zeiten, in denen der Chef von oben anordnete, was und wie genau es zu tun war. Heute wird von den Mitarbeitern Teamwork verlangt, das heißt, ein immer selbstständigeres und mehr auf Augenhöhe stattfindendes Zusammenarbeiten. Diese größere Freiheit ist auf der einen Seite ein Geschenk, auf der anderen Seite aber auch eine Last, denn mit der Freiheit steigt die Verantwortung. Dazu gehört, sich intensiver mit den Kollegen auseinanderzusetzen. Es ist anstrengend, sich auf die unterschiedlichen Charaktere einzustellen, Überzeugungsarbeit zu leisten und Verständnis zu zeigen. Einige meiner Seminarteilnehmer und Klienten sehnen sich sogar nach den Zeiten zurück, in denen sie sich hinter den »Anweisungen von oben« verstecken konnten.

Doch es ist nicht nur das moderne Führungsverständnis, das Mitarbeiter und Kollegen vor neue zwischenmenschliche Herausforderungen stellt, sondern auch die rasante technische Entwicklung.

Arbeiten 4.0 braucht eine größere soziale Kompetenz

»Digitalisierung« und »Industrie 4.0« sind heute Topthemen, mit denen sich unzählige Veröffentlichungen, Blogs, Seminare und Vorträge befassen. In meinen Augen wird der Fokus hier allerdings oft zu einseitig auf die technischen Aspekte gelegt und dabei der Einfluss der neuen Technologien auf die Art der Zusammenarbeit übersehen. Denn zum einen verlieren wir durch digitale Kommunikationsmedien wie E-Mails, WhatsApp und andere Messaging-Dienste immer stärker den persönlichen Bezug zu unseren Kollegen, zum anderen werden durch die Technisierung mehr und mehr Standardtätigkeiten von Computern und Maschinen übernommen. Dadurch erhöht sich das Arbeitstempo für die menschlichen Mitarbeiter, und die Aufgaben verlagern sich zunehmend in den kreativen Bereich, hin zu Tätigkeiten wie der Entwicklung neuer Prozesse, Produkte und Abläufe. Gerade hier brauchen wir jedoch die persönliche Unterstützung unserer Kollegen, weshalb die Bedeutung persönlicher Netzwerke wächst und eine noch intensivere Zusammenarbeit mit den unterschiedlichsten Charakteren unvermeidbar wird.

Kooperation ist heute entscheidend, um im Wettbewerb zu bestehen

Genau diese zwischenmenschliche Auseinandersetzung macht uns zu schaffen. Es fällt jedem leicht, sich mit Menschen auszutauschen, die ähnlich ticken wie er selbst. Eine Kooperation mit Andersdenkenden und -handelnden ist dagegen anstrengend. Doch gerade die unterschiedlichen Erfahrungen, Glaubenssätze, Arbeitsweisen und Philosophien sind es, die in der Zusammenarbeit neue, kreative Wege eröffnen und ein Unternehmen überlebensfähig halten.

Dies bestätigt auch die aktuelle Studie »Skill shift: Automation and the future of the workforce« des McKinsey Global Institute (MGI). Die Wissenschaftler haben hierin die Fähigkeiten analysiert, die Unternehmen ihren Mitarbeitern bis 2030 abverlangen werden. »Auch in Zeiten der Digitalisierung gewinnen Kommunikations- und Verhandlungsgeschick, Empathie und Führungsvermögen weiter an Bedeutung«, stellen die Studienautoren fest.

Bevor ich Ihnen mein Konzept vorstelle, wie eine kooperative, fruchtbare Zusammenarbeit von Andersdenkenden trotz aller zwischenmenschlichen Herausforderungen gelingen kann, lade ich Sie zu einer humorvollen Bestandsaufnahme ein.

TEIL 1
Der tägliche Wahnsinn mit den Kollegen

Sonnenschein & Söhne

Ich habe 15 Jahre lang in der Medienbranche gearbeitet und war bei verschiedenen internationalen TV-Konzernen als Führungskraft verantwortlich für die Umsetzung großer Unterhaltungsshows. Dort begegnet man sonderlichen Persönlichkeiten nicht nur vor der Kamera, sondern auch dahinter. Verrückte Visionäre, rücksichtslose Individualisten, überkorrekte Beamte, unqualifizierte Aufschneider, harmoniesüchtige Kuschelkursler, gehemmte Angsthasen, falsche Schlangen und viele weitere Typen sind hier auf den Fluren unterwegs. Sie werden beim Lesen der letzten Zeilen wahrscheinlich leicht genickt und gedacht haben: »Herr Fischedick, solche Kollegen habe ich auch!« Und Sie haben recht! Solange ich beim Fernsehen tätig war, dachte ich, dass man solche Charaktere nur in der hippen, crazy Medienbranche trifft. Nach über einem Jahrzehnt Erfahrung als Coach in der freien Wirtschaft weiß ich, dass es branchenübergreifend in wirklich jedem Unternehmen solche Kollegen gibt, die uns schräg vorkommen.

In diesem Kapitel möchte ich mir mit Ihnen gemeinsam als initiale Bestandsaufnahme diese bemerkenswerten Exemplare der Spezies »Collegius nervicus« etwas näher anschauen, und zwar bei einem Besuch in dem fiktiven Unternehmen »Sonnenschein & Söhne«. Eine Firma, die stellvertretend für alle großen und kleinen Betriebe in Deutschland, ach, was schreibe ich, in der ganzen Welt steht. Auch für den, in dem Sie arbeiten, oder – wenn Sie selbstständig sind – für die Unternehmen, die zu Ihren Kunden und Partnern gehören. Die folgenden Geschichten sind inspiriert von tatsächlichen Begebenheit, die ich selbst oder meine Klienten vielfach erlebt haben. Alle Namen wurden zum Schutz der Persönlichkeitsrechte verändert. Tauchen Sie jetzt ein in einen typischen Arbeitstag bei »Sonnenschein & Söhne«:

07:30 Uhr

Bürotrakt Kundenmanagement – »Käffchen?«

So langsam erwacht »Sonnenschein & Söhne« zum Leben. Herbert Meyer, der Hausmeister, ist schon seit einer Stunde im Betrieb unterwegs, um nach dem Rechten zu sehen. In einigen Büros mussten Leuchtmittel ausgetauscht werden und eine der Toilettenspülungen klemmte. Jetzt nicht mehr, denn der Facility Manager hat mit geübten Handgriffen den Schaden behoben. Als er gerade um die Ecke in den Flur biegt, auf dem das Kundenmanagement seine Büros hat, kommt ihm strahlend Katja Kümmer entgegen, die auf dem Weg zu ihrem Arbeitsplatz ist. Die Assistentin des Leiters Kundenmanagement sprüht fast immer vor guter Laune und sieht schon am frühen Morgen wie aus dem Ei gepellt aus. Die Dreißigjährige ist topmodisch gekleidet, und die Haare sitzen wie eine Eins. Katja erzählt gerne ganz freimütig, dass dies das Ergebnis eines ausgeklügelten Rituals im heimischen Badezimmer ist, bei dem ein Hochleistungsföhn und eine raffinierte Mischung aus Schaumfestiger, Haarspray, Haarlack und ein bisschen Gel – für die Spitzen – die entscheidenden Rollen spielen. Nur eine Stunde vor dem Spiegel und schon ist die Frisur gezaubert, die den ganzen Tag hält. Böse Zungen behaupten, dass Katjas Haare so sehr einbetoniert sind, dass sie besser schützen als jeder Sturzhelm.

»Guten Morgen! Gut sehen Sie aus. Sie sind ja wieder perfekt durchgestylt. Sogar Ihre Handtasche passt farblich!«

»Guten Morgen, Herr Meyer!«, flötet sie.

Der gemütliche Hausmeister mag Frau Kümmer. Sie ist ein wahrer Sonnenschein. Er muss schmunzeln, denn ihm fällt gerade auf, dass die adrette Kollegin und die echte Sonne außer der Strahlkraft noch etwas anderes gemeinsam haben: Wenn man sich ihr zu lange aussetzt, dann wird es unangenehm. Und da passiert es auch schon, Frau Kümmer kommt ins Plaudern:

»Dass Ihnen meine Handtasche aufgefallen ist, freut mich. Die ist neu, wissen Sie. Habe ich in der letzten Ausgabe der ›Hip Girl‹ gesehen und da wusste ich sofort: das ist meine Tasche!«

Mit einem: »Hmm ... sehr interessant! Ich muss dann mal weiter«, versucht der Hausmeister, sich aus dem Staub zu machen.

»Was stressen Sie sich denn am frühen Morgen schon so?

Sie kommen jetzt erst mal zu mir ins Büro, und ich mache uns beiden Hübschen einen schönen Kaffee! Der Chef ist eh noch nicht da.« Die resolute Assistentin legt ihm eine Hand auf den Rücken und schiebt ihn durch die Tür in ihr Reich, dabei spürt er die Spitzen ihrer künstlichen Nägel durch den Stoff seines Hemdes. Auch so ein Spleen von ihr: Jeden ersten Mittwoch im Monat geht sie abends nach Feierabend zu ihrer Nageldesignerin und lässt sich die Fingernägel neu machen. Am nächsten Tag hält sie dann jedem die neuen Kunstwerke unter die Nase, ob er oder sie will oder nicht. Letztens erst waren Katjas Nägel mit winzigen Blümchen in quietschbunten Farben bemalt.

Der Hausmeister würde sich jetzt am liebsten selbst in den Hintern treten. Der Tag hatte so gut begonnen, und dann ist er so doof und fängt ein Gespräch mit der Kümmer an. Und das, wo er doch genau weiß, wo das hinführt. Er nimmt sich in diesem Moment vor, auf gar keinen Fall auch nur einen Blick auf die designten Krallen der Kollegin zu werfen, denn alleine das könnte zu einem weiteren endlosen Monolog des Sonnenscheins führen.

Die adrette Assistentin drückt den überrumpelten Hausmeister sanft, aber bestimmt in den Besucherstuhl an ihrem Schreibtisch.

»Käffchen oder doch lieber Teechen?«

»Käffchen … äh … Kaffee … bitte.«

»Cappuccino, Caffè Latte, Milchkaffee, normalen Kaffee?«

»Espresso!« Das geht am schnellsten, denkt sich der verzweifelte Hausmeister.

»Kommt sofort!«, trällert sie und huscht aus der Tür, um kurz darauf wieder aufzutauchen. »Die Maschine war noch gar nicht an. Die muss jetzt erst noch vorheizen und sich automatisch spülen und so. Ist aber nicht schlimm, dann haben wir zwei noch ein bisschen mehr Zeit zum Plauschen.«

Sie stellt ihre übergroße Handtasche auf ihren Schreibtisch und setzt sich in den Stuhl, der dem Hausmeister gegenübersteht. Auf dessen Stirn hat sich inzwischen eine tiefe Falte gebildet.

»Was ist denn mit Ihnen los? Haben Sie Sorgen? Meine Mutter sagt immer: Nur Menschen, die reden, kann geholfen werden! Also, was macht Ihnen gerade das Leben so schwer?«

Am liebsten hätte Herr Meyer gesagt: »Eine redselige Frau mit Betonfrisur und Clownsnägeln!« Er entscheidet sich aber für ein: »Ach nichts. Alles okay.«

»Na, so ganz glaube ich Ihnen das nicht. Ich werde Sie etwas aufheitern. Sie fanden doch meine Tasche so toll.« Sie zieht das gute Stück zu sich heran und öffnet den Reißverschluss. »Sie werden erstaunt sein, was hier so alles reinpasst.«

Herr Meyer erwischt sich bei dem Gedanken, ob die Tasche wohl schallisoliert ist und so viel Platz bietet, dass man auch dreißigjährige redselige Frauen darin einsperren kann.

Die gut gelaunte Assistentin holt eine Tupperdose in Herzform aus den Untiefen des Beutels hervor, an der ein gefalteter Zettel mithilfe eines Blümchenaufklebers befestigt ist.

»Ah ja, der Moni hatte ich doch von dem total leckeren Muffinrezept erzählt. Hab gestern Nacht extra welche für sie gebacken und das Rezept für sie abgeschrieben, von Hand. Ist doch schöner als so 'n Computerausdruck. Bin gespannt wie ihr die Muffins schmecken. Sie wollen doch sicher auch mal probieren, oder?«

Ohne eine Antwort abzuwarten, öffnet sie die Herzdose, nimmt einen Schoko-Bananen-Muffin heraus und steckt ihn dem Hausmeister in den Mund, der diesen gerade geöffnet hatte, um dankend abzulehnen.

»Schmeckt lecker, oder?«

Herr Meyer gibt nur ein kraftloses Grunzen zurück.

Als Nächstes zieht die quirlige Kollegin ein Netz mit Tennisbällen aus ihrer XXL-Tasche und lässt es vor seiner Nase hin und her baumeln.

»Uuuund? Warum habe ich die wohl dabei? Da kommen Sie nie drauf! Also, die Kollegen sitzen ja oft so krumm und bekommen dadurch Rückenschmerzen. Die werden Augen machen, wenn ich denen die Rückenübungen zeige, die man so ganz nebenbei machen kann, mit nichts weiter als einem Tennisball.«

Der Hausmeister versucht, einen Gesichtsausdruck zu finden, der freundlich ist, aber keine Zustimmung zeigt, schließlich will er die Frau mit der Mary-Poppins-Tasche nicht dazu ermutigen, nach und nach das komplette Sortiment eines ganzen Warenhauses daraus hervorzuzaubern. Anscheinend kam sein Gesichtsausdruck jedoch nicht so an, wie beabsichtigt, denn Frau Kümmer hat jetzt einen der Bälle aus dem Netz genommen und nähert sich ihm damit.

»Sie glauben mir nicht, dass das geht, oder? Ich zeig es Ihnen!«

Mit diesen Worten packt sie den wehrlosen Hausmeister am Nacken, zieht ihn etwas nach vorne, stopft den Tennisball zwischen Stuhllehne und seinen Rücken und schubst ihn mit Schwung dagegen. Herr Meyer schreit vor Schmerz auf, dabei fliegen kleine Stückchen des Schoko-Bananen-Muffins aus seinem Mund.

»Sehen Sie! Da habe ich ja direkt eine verspannte Stelle erwischt. Durch den Schmerz müssen Sie einmal durch, und dann wird alles viel entspannter. Dann gehen auch Ihre Sorgenfalten weg!«, sagt sie freudig.

»Apropos weg...«, wirft der Hausmeister schnell ein, nachdem er den letzten Rest des Muffins runtergewürgt hat,

»ich muss dann jetzt wirklich los, den Kaffee trinke ich gerne ein anderes Mal.«

»Sie stressen sich schon wieder so. Das Beste haben Sie ja noch gar nicht gesehen. Das wird Ihnen gefallen!«

Mit einem gezielten Griff zieht Frau Kümmer einen Zerstäuber aus ihrer Tasche hervor. Sie nimmt den Schutzdeckel ab, sprüht zweimal in die Luft und schnuppert.

»Köstlich! So frisch! Da bekommt man gleich gute Laune!« Vom Etikett des Fläschchens liest sie ab: »›Summer Breeze – eine verführerisch frische, aktivierende und gleichzeitig beruhigende Mischung erlesener Duftstoffe.‹ Hier, riechen Sie auch mal. Und immer schön an den Ball lehnen!«

Während sie Herrn Meyer mit der einen Hand gegen den Ball an seinem Rücken presst, sprüht sie mit der anderen Hand »Summer Breeze« vor ihm in die Luft. Als er nach Atem ringt, steckt sie ihm noch einen Schoko-Bananen-Muffin in den Mund.

»Sie sind aber auch ein Schleckermäulchen. Geht es Ihnen jetzt besser?«

»If muff jepft wirplich loff!«, grunzt der Hausmeister verzweifelt mit vollem Mund, springt auf und verlässt das Büro fluchtartig.

Frau Kümmer schaut ihm selig lächelnd nach. »Ach, ich freue mich immer, wenn ich helfen kann.«

08:04 Uhr

Büro Leiter Kundenmanagement – »Ich bin ganz bei dir!«

Klaus Dräger, Leiter des Bereichs Kundenmanagement und seines Zeichens Vorgesetzter von Katja Kümmer, kommt eilig in sein Büro. Er ist so in Gedanken, dass ihm beim Durchqueren des Vorzimmers gar nicht auffällt, dass er durch massive

Duftwolken von »Summer Breeze« läuft. Zu wirken scheint das Raumspray auch nicht, denn er fühlt sich jetzt weder frisch noch aktiviert oder gar beruhigt, sondern eher gestresst. Zudem sieht er im Gegensatz zu seiner Assistentin nicht wie aus dem Ei gepellt aus, sein Anzug ist zerknittert und seine Haare wirken, als wäre er vor Kurzem von einer Horde Affen intensiv gelaust worden.

Kaum hat er sich in seinen Chefsessel fallen lassen, steht schon Frau Kümmer in der Tür. In der Hand hält sie eine Tasse dampfenden Kaffee. Auf dem himmelblauen Becher prangt in roten Lettern der Spruch: »Ich bin hier der Chef – zumindest solange meine Frau nicht da ist«.

»Guten Morgen, Kla-auuuus!«, zwitschert Katja. »Hier ist dein Kaffee, wie immer: schwarz, nicht zu heiß und drei Stücke Zucker. Umgerührt habe ich auch schon.« Sie stellt den Becher auf Klaus' Schreibtisch und dreht ihn mit einem liebevollen Lächeln so hin, dass ihr Chef den Henkel leicht greifen kann. Der schaut nur kurz auf, murmelt ein »Morgen« und vertieft sich dann wieder in die Postmappe, die aufgeschlagen vor ihm liegt. Als er nach einigen Minuten wieder aufschaut, ist seine Assistentin immer noch da – sie sitzt ihm erwartungsvoll lächelnd gegenüber und schaut ihn freundlich an.

»Äh, ist noch was?«

»Unser Termin!«

»Was für ein Termin?«

»Ich hatte dich doch um ein Gespräch gebeten. Und du hast mir gesagt, dass ich dafür heute die Zeit von acht bis acht Uhr fünfzehn blocken soll.« Sie schaut auf ihre pinke Armbanduhr. »Das heißt, wir haben noch ziemlich genau sechs Minuten.«

Ihr Chef schließt kurz die Augen, atmet tief durch und klappt seine Postmappe zu.

»Okay. Worum geht's?«

Katja richtet sich auf, schlägt ihre Beine übereinander und drapiert die manikürten Hände auf ihren Knien.

»Also, in der EDV arbeiten doch Johannes und Frank.«

»Ja.«

»Und sie sind doch gerade dabei, das neue Kampagnentool für uns zu programmieren.«

»Jaaaa ... und?« Klaus wird langsam ungeduldig.

»Du weißt doch, dass die beiden öfter aneinandergeraten.«

»Hmmm.« Klaus ist in Gedanken bei den 234 Mails in seinem Posteingang, die auf eine Antwort warten. Wie von selbst beginnt seine Hand, sich langsam in Richtung Computermaus zu bewegen.

»Und ich habe letztens mitbekommen, dass es wohl jetzt so schlimm zwischen den beiden ist, dass sie nicht mehr miteinander sprechen.«

»Ach!« Klaus' Hand ist inzwischen bei der Maus angekommen, und der Zeigefinger öffnet mit einem kaum sichtbaren Doppelklick das Mailprogramm.

»Also, es ist nicht so, dass nur ab und zu Funkstille herrscht, sie ignorieren sich richtig. – Klaus, hörst du mir eigentlich noch zu?«

»Na klar, ich bin voll und ganz bei dir!«, erwidert ihr Chef schnell und dreht den Kopf hastig wieder in ihre Richtung, auch wenn es ihm sichtlich schwerfällt, den Blick von der Mail zu lösen, die sich gerade durch einen weiteren unauffälligen Klick auf seinem Monitor geöffnet hat.

Katja schaut nachdenklich auf ihre Hände und knibbelt an einem ihrer Kunstnägel herum. »Also, bei Johannes und Frank ist im Moment absolute Eiszeit. Nicht nur, dass ich die schlechte Stimmung ätzend finde, ich frage mich, ob sich das ...« Sie verstummt abrupt, denn als sie ihren Blick wieder hebt, ist Klaus verschwunden. Da, wo eben noch ihr Chef saß, ist jetzt nur noch ein leerer Stuhl.

»Red ruhig weiter, ich höre dir zu«, tönt es auf einmal dumpf von unten.

Katja schaut unter den Schreibtisch und da kauert ihr Vorgesetzter über seiner Aktentasche, in der er nach etwas zu suchen scheint. »Red einfach weiter«, wiederholt er, ohne sie anzuschauen.

Die konsternierte Assistentin richtet sich wieder auf und muss sich sichtlich Mühe geben, um nicht die Fassung zu verlieren. »Wo war ich? Ähm ... ach ja ... ich mache mir Sorgen, dass die schlechte Stimmung zwischen Johannes und Frank dafür sorgen könnte, dass das neue Kampagnentool nicht rechtzeitig fertig wird oder nicht optimal umgesetzt wird. Deshalb war es mir wichtig, das Thema bei dir anzusprechen.«

Die Hand ihres Chefs, die eine blaue Klarsichthülle mit Unterlagen hält, taucht hinter dem Schreibtisch auf. »Sehr gut!«, ruft Klaus ächzend, während er der Hand folgt und sich aufrichtet.

Über Katjas Gesicht huscht ein Lächeln.

»Sehr gut, dass ich nichts wegschmeiße!«, triumphiert er mit Blick auf die Papiere in seiner Hand und erntet dafür einen fassungslosen Blick seiner Assistentin.

»Wirst du mit Johannes und Frank darüber sprechen?«

»Mit wem? Und worüber?«

»Aber ich habe dir doch eben erklärt ...«

»Genau und ich finde es prima, dass du immer zu mir kommst, wenn dir etwas auf dem Herzen liegt. Bis später!«

Und schon ist er aus seinem Büro verschwunden – seine Assistentin bleibt erstarrt zurück.

09:00 Uhr

Sitzungsraum »Rhein« – »Das mussten wir schieben!«

Eine Stunde später nähert sich Klaus Dräger mit strammem Schritt dem Sitzungsraum »Rhein«. Hier bei »Sonnenschein & Söhne« sind alle Konferenzräume nach Gewässern benannt. Ein hoch dotierter Unternehmensberater hatte dies vor zwei Jahren empfohlen, um zu verdeutlichen, dass jedes Meeting das Unternehmen lebendig und im Fluss hält. Seitdem tragen die Besprechungsräume Namen wie »Pazifik«, »Starnberger See«, »Canale Grande« oder eben »Rhein«.

Bei dem Leiter Kundenmanagement ist gerade leider nicht viel im Fluss, sein Inneres gleicht eher einem Stausee, dessen Damm jeden Moment zu bersten droht. Grund dafür sind die Unterlagen in der blauen Klarsichthülle, die er bei sich hat: Der Projektplan für das anstehende wichtige Kundenevent, bei dem die neuen Produkte präsentiert werden sollen. Der Plan an sich ist gut – solange er auch umgesetzt wird. Die Mail, die Klaus' Aufmerksamkeit heute Morgen in dem

Gespräch mit seiner Assistentin so beansprucht hat, lässt ihn allerdings befürchten, dass die Veranstaltung gefährdet ist, da es offensichtlich Schwierigkeiten bei der Vorbereitung gibt. Um dies zu klären, ist er jetzt mit Leon Praud verabredet, dem verantwortlichen Projektleiter.

Als Herr Dräger die Tür zum »Rhein« öffnet, ist der junge Eventmanager gerade damit beschäftigt, Zeichnungen und Fotos von Tischdekorationen, Büfettzusammenstellungen, Bühnenbildern und Showacts an einer Pinnwand aufzuhängen. Auf den ersten Blick sieht die Collage, die Herr Praud da lässig anpinnt, schon mal vielversprechend aus. Sein enges Designersakko mit dem geschmackvoll gemusterten Einstecktuch hat er über die Lehne eines Stuhles gehängt, um sich freier bewegen zu können, die Ärmel seines zartrosafarbenen Maßhemdes sind hochgekrempelt. Im Eifer des Gefechts ist ihm eine Strähne seiner sorgfältig gelegten Hipsterfrisur in die Stirn gefallen. Mit einer coolen Handbewegung schiebt er sie nach hinten, während er sich mit einem breiten Lächeln zu Herrn Dräger umdreht.

»Hey, Sie kommen gerade richtig. Schauen Sie mal, das macht doch einiges her, oder? Das wird sicher das krasseste Event ever.«

»Hallo Herr Praud. Das sieht in der Tat interessant aus. Ob es allerdings das krasseste Event ever wird …«

Leon fällt ihm ins Wort. »Na klar! Ich bring hier so viele freshe Ideas ein. Die Kunden werden es lieben – they will love it – so was Stylisches haben die noch nie geboten bekommen. Total durchkonzeptioniert.«

»Ich weiß, das Grundkonzept hatten wir ja gemeinsam mit den Kollegen entwickelt. Und ich …« Klaus Dräger kann wieder nicht zu Ende sprechen, da er erneut von dem enthusiastischen Eventmanager unterbrochen wird.

»Aber jetzt mal ehrlich, meine Idee mit den Sitzkissen in

Unternehmensfarben war doch der absolute Gamechanger bei dem Konzeptmeeting.«

Stumm zieht der Kundenmanagement-Chef den Projektplan aus der blauen Hülle und knallt die Blätter nebeneinander auf den Tisch des Konferenzraumes. »Ich möchte jetzt nicht mit Ihnen über Sitzkissen sprechen, sondern über unseren Zeitplan. Ich habe vorhin eine Mail der Druckerei bekommen mit dem Hinweis, dass sie uns die Einladungskarten nicht mehr rechtzeitig liefern können, wenn wir ihnen die Druckdaten nicht bis morgen um sechzehn Uhr zusenden. Laut unserer Planung ...«, mit vor Wut bebendem Zeigefinger sucht Herr Dräger den entsprechenden Eintrag auf der Liste, »... laut unserer Planung hätten wir die Vorlagen schon spätestens vor vier Tagen abliefern müssen. Bitte erklären Sie mir das!«

»Wir hatten echt viel zu tun, da bleibt manches einfach liegen. Die Entwürfe für die Karten sind aber wirklich super. Total leanes Design.«

Klaus Dräger ringt um Fassung: »Ich weiß, ich habe sie schließlich abgesegnet. Also, sorgen Sie bitte dafür, dass die Druckdaten heute noch an die Druckerei gehen! Ich verlasse mich da auf Sie!«

»Na klar, das können Sie auch!«, versucht Leon Praud zu beruhigen.

Ohne den Blick vom Planungspapier zu heben, fährt der alles andere als beruhigte Dräger fort: »Und was ist mit der Reservierung der Hotelzimmer für unsere VIP-Gäste? Die sollten laut Agenda ja seit letzter Woche fest gebucht sein.«

»Ahh ... die mussten wir schieben.«

»Bitte was?«

»Die mussten wir schieben. Haben wir noch nicht geschafft. Aber wir sind dran! Das hat High Priority!«

»Das ist nicht Ihr Ernst!« Drägers Gesicht wird knallrot

und er verliert den letzten Rest Contenance. »Wie lange machen Sie diesen Job bei uns schon?«

Voller Stolz antwortet der geschniegelte Eventmanager: »Seit genau achtzehn Monaten!«

»Dann wissen Sie sicherlich auch, dass parallel zu unserem Event eine große Messe stattfindet und es sehr schwer ist, noch Zimmer zu bekommen.«

Leon Praud krempelt beleidigt die Ärmel herunter und schließt die Manschettenknöpfe. »Herr Dräger, wir geben hier alle unser Bestes. Full impact! Die Lara aus dem Marketing hat letztens erst gesagt, dass wir echt super performen bei diesem tighten Zeitplan.«

Jetzt wird es seinem Gegenüber zu heiß, der genervte Abteilungsleiter zieht sein verknittertes Sakko aus und wirft es auf den Tisch. In den folgenden Minuten geht er mit dem eingeschnappten Projektleiter Punkt für Punkt den Zeitplan durch und markiert alles, was erledigt oder noch im richtigen Prozess ist, mit Grün und jeden nicht eingehaltenen Termin mit Rot. Bei fast jeder Nachfrage bekommt er Antworten wie: »Da gab es Probleme!«, »Die Kollegen haben nicht rechtzeitig geliefert!«, »Ich habe ja von Anfang an gesagt, dass das eng wird!«. Am häufigsten hört Klaus Dräger aber das von ihm so gehasste: »Das mussten wir schieben!«.

Am Ende sehen die Blätter aus, als hätte jemand mit Nasenbluten darauf geniest, so rot gesprenkelt sind sie.

Schwer atmend steht Klaus Dräger auf, nimmt sein Sakko vom Tisch und geht zur Tür. Dort dreht er sich noch einmal um und sagt: »Ich erwarte von Ihnen, dass Sie Ihren Job ernst nehmen und ab jetzt den Zeitplan penibel einhalten. Ich möchte von Ihnen jeden Abend einen schriftlichen Bericht haben, wo das Projekt ganz genau steht! Haben wir uns verstanden!?«

»Ja!«, kommt es leise von Leon Praud, der mit gesenktem

Blick neben der Pinnwand mit den vielen bunten Ausdrucken steht. Als Dräger den Raum verlassen hat, ruft er noch hinterher: »Aber das habe ich doch alles nicht mit Absicht gemacht!«

09:37 Uhr

Café gegenüber – »Kennste den...«

Leon Praud hat nach der Standpauke von Dräger wütend die Ausdrucke von der Pinnwand gerissen und sie in seinen Designerrucksack gestopft. Jetzt sitzt er gegenüber dem Haupteingang von »Sonnenschein & Söhne« im »Café Teilchen«, um Abstand zu gewinnen. Während er seinen dritten doppelten Espresso schlürft und darauf wartet, dass er ruhiger wird, sortiert er die zerknitterten Blätter mit den Eventideen.

»Na, Praudchen!«, dröhnt es plötzlich von hinten und eine Hand knallt krachend auf seinen Rücken. Als Leon sich erschrocken umdreht, schaut er in die wässrig blauen Augen von Stefan Häppinger. Der breit grinsende, stämmige Mann mit der bunten Smiley-Krawatte und dem gezwirbelten Schnauzbart ist Gruppenleiter im Außendienst und wie immer zum Scherzen aufgelegt. Der hat Leon gerade noch gefehlt.

»Wie trinkt Chuck Norris seinen Kaffee?«

»Keine Ahnung und ist mir auch egal!«, murrt der Eventmann.

»Schwarz und ohne Wasser! Brüller, oder?«

Leon wendet sich genervt ab. Stefan geht um den Tisch herum und platziert seinen nächsten Witz: »Kennste den: Herr Doktor, ich habe beim Kaffeetrinken immer heftige Schmerzen im rechten Auge. Sagt der Doktor: Dann nehmen Sie doch einfach vor dem Trinken den Löffel aus der Tasse. Ha, ha, haaaa!«

Der Außendienstler schüttet sich aus vor Lachen und geht prustend in die nächste Runde: »Weißt du, wo ich heute Nachmittag eingeladen bin? Bei einem Freund, der hat Tourettesyndrom. Wahrscheinlich gibt's wieder Kaffee und Fluchen. Verstehste? Nicht Kaffee und Kuchen, sondern Kaffee und Fluchen!«

Glucksend vor Lachen schnappt er sich Leons gepunktetes Einstecktuch aus dessen Ziertuchtasche, um sich die Tränen abzutupfen, die über seine Wangen kullern. Genervt reißt der junge Kollege ihm den edlen Stoff aus der Hand und stopft ihn zurück in sein Sakko. Dann wendet er sich wieder ostentativ dem Sortieren seiner Unterlagen zu.

»Was ist denn los? Heute ist doch ein herrlicher Tag! Die Sonne scheint und wir haben diesen Monat mörder Umsätze gemacht!«

»Und ich wurde eben mörder zusammengefaltet!«

Das Lachen aus Häppingers Gesicht verschwindet. »Uiii. Das hört sich nicht gut an. Erzähl!«

Zunächst zögerlich und dann immer offener schildert Leon dem alten Hasen aus dem Vertrieb, was gerade im Sitzungsraum vorgefallen ist. »Weißt du, ich bringe mich ein, liefere brilliant Ideas, habe eine gute Connection zu den externen Dienstleistern und all das wird mir nicht gedankt«, beendet der frustrierte Projektleiter seinen Bericht.

»Ich kann gut verstehen, dass du enttäuscht bist. Wenn ich dir einen Rat geben darf ...«

»Ja gerne!«, schöpft Leon Hoffnung.

»Nimm es nicht so schwer.«

Der gut gelaunte Außendienstleiter kneift ihm aufmunternd in die Wange. »Geh einfach hin und sprich mit dem Dräger, auch wenn es hart ist. Nimm dir ein Beispiel an Chuck Norris: Der isst keinen Honig, der kaut Bienen!«

Stefan lacht so laut über seinen Witz, dass sich sogar die

Passanten umdrehen, die gerade draußen an dem Café vorbeigehen. Und Leon wünscht sich nichts sehnlicher, als jetzt an einem anderen Ort zu sein – egal wo, Hauptsache woanders.

10:46 Uhr

Vor dem Fahrstuhl im EG – »So einfach kommt man da nicht hin!«

Die vier Fahrstühle in der Eingangshalle von »Sonnenschein & Söhne« befinden sich direkt hinter den Drehkreuzen, die man nur mit einem Mitarbeiter- oder Gastausweis passieren kann. Manchmal dauert es ein bisschen, bis eine der Kabinen im Erdgeschoss ankommt und ihre Türen öffnet, um neue Fahrgäste aufzunehmen. Und so steht Stefan Häppinger schon eine Weile hier und wartet. Er ist noch ganz heiser von seinem Lachanfall, den er vorhin im Café hatte. Mit klackernden Absätzen nähert sich eine elegante Dame im figurbetonten Business Dress. Der cremefarbene Hosenanzug mit breitem Revers passt farblich gut zu ihren braunen Augen und den langen schwarzen welligen Haaren, die bei jedem Schritt mitwippen. Die dünnen silbernen Armreife an ihrem rechten Handgelenk klimpern dazu im Takt. Die südländisch wirkende Frau hält ihr roségoldenes Smartphone ans Ohr und spricht in einem scharfen Tonfall hinein: »Nein, als Priority Member steht mir eine andere Booking Class zu ... Dann sagen Sie ihrem Head of Planning, dass er seine Schedules reorganizen muss ... Ja, Sie sind nun mal on Duty und es ist Ihre Responsibilty so zu performen, dass die Customer Satisfaction guaranteed ist ... Sie werden einen Weg finden ... Ich erwarte Ihre Confirmation by Mail in den nächsten zehn Minuten ... Bye.«

Mit einem Kopfschütteln verstaut sie ihr Handy in ihrer hauchdünnen Collegemappe aus Straußenleder. Der Außendienstmitarbeiter hat ihr fasziniert zugehört. »Tachchen! Dem haben Sie's aber gegeben!«, sagt er anerkennend.

»So unprofessional, wir sollten uns einen neuen Transportation Provider suchen«, bestätigt die dunkelhaarige Schöne mit einem Seufzen.

»Bitte, was wollen Sie sich suchen?«

»Einen neuen Transportation Provider-Automotive.«

Stefan schaut sie fragend an.

»Einen neuen Autovermieter!«, sagt sie in einem Tonfall, als würde sie es einem Dreijährigen zum tausendsten Mal erklären.

»Ähh, ja ... Übrigens, Häppinger mein Name, Leitung Außendienstgruppe West. Wir kennen uns noch nicht, bin ja nicht so oft in der Zentrale.« Er hält ihr seine Hand hin, die sie nur kurz mit einem Blick streift, aber nicht nimmt.

»Lisa Importante, Head of Social Media and Global Online Customer Communications. Ich war bis vor Kurzem noch in unserem Head Office in der Schweiz engaged.« Stefan nickt anerkennend, obwohl er wieder kein Wort verstanden hat.

»Kennen Sie den«, versucht er die Situation aufzulockern. »Was macht ein Clown im Büro? – Faxen!« Häppinger schüttet sich aus vor Lachen, Lisa Importante verzieht keine Miene. Schweigen.

Mit einem »Ping« rettet der soeben eintreffende Fahrstuhl die Situation. Bemüht gentlemanlike lässt der propere Außendienstler der eleganten Social Media-Dame den Vortritt. Während sie in ihrem Straußenledermäppchen nach etwas sucht, ist Stefan schon bei den Etagenknöpfen.

»Na, soll ich uns zwei Hübschen mal liften lassen? Obwohl, Sie haben es ja gar nicht nötig«, turtelt Stefan. Lisa tut so, als hätte sie es nicht gehört, und kramt weiter in dem 1000 Euro Designerstück.

»Welche Etage darf ich für Sie drücken? Ich meine, which flooooor?« Dabei spricht er die letzten Worte übertrieben amerikanisch aus.

»Elfte Etage. Also nach ganz oben«, kommt es über die rot geschminkten Lippen der Kollegin. Stefan will gerade mit einer großen Geste den entsprechenden Knopf am Schaltbrett drücken, da wird er von ihr zur Seite geschoben. »So einfach kommt man da nicht hin – Vorstandsetage.« Mit diesen Worten zieht sie die spezielle Codekarte, die sie eben endlich in ihrer teuren, aber unpraktischen Tasche gefunden hat, durch das Lesegerät neben den Etagenknöpfen. »Und wo darf ich Sie vorher rauslassen? Sie sind ja sicher auf einer ganz anderen Ebene unterwegs als ich«, übernimmt sie jetzt die Führung. Das sitzt.

»Vierte Etage«, kommt es tonlos unter Häppingers Zwirbelbart hervor.

Während der Fahrt, die ihm endlos erscheint, mustert der ansonsten redselige Außendienstler stumm und ausgiebig den Boden und die Decke der Kabine. Hauptsache er muss Signora Importante nicht in die Augen schauen. Als sich endlich die Tür in der vierten Etage öffnet, verlässt er eilig den Fahrstuhl.

»Ach, eine Sache noch!«, ruft ihm die selbstbewusste Social Media Managerin zuckersüß hinterher.

Häppinger dreht sich um mit einer Mischung aus Hoffnung und Angst. »Jaaaaa?«

»Kleiner Tipp: wenn Sie Ihre Career pushen wollen, sollten Sie Ihren Look improven«, sie zwinkert ihm mit einem ihrer perfekt geschminkten Augen zu und zeigt auf seine bunte Polyesterkrawatte mit den Smileys, während sich die Fahrstuhltür zwischen den beiden schließt.

11:06 Uhr

Sitzungsraum »Canale Grande« 11. Etage – »Hier läuft alles aus dem Ruder!«

Knarzende Ledersessel mit hohen Rückenlehnen, ein hochglanzpolierter, acht Meter langer Mahagonitisch, flauschiger Teppichboden, in dem man knöcheltief zu versinken scheint, ein gigantisches Ölgemälde, das den Marktplatz in Venedig zeigt, und ein atemberaubender Blick über die Stadt – das macht den Sitzungsraum »Canale Grande« zu einem ganz besonderen Ort. Lisa Importante hat keinen Blick für all das, als sie den Raum betritt. In Gedanken ist sie schon bei der Verkündung, die gleich ansteht. Die zehn Vertreter unterschiedlicher Abteilungen sitzen bereits an dem imposanten Konferenztisch und schauen sie erwartungsvoll an. Wobei das nicht ganz stimmt, Bernd Pawlowskis Blick ist nicht auf Lisa gerichtet, sondern auf seine Armbanduhr, dabei runzelt der Mitarbeiter aus dem Rechnungswesen die Stirn. Sein Chef hatte ihn kurzfristig gebeten, ihn bei diesem Meeting zu vertreten. Allein das hat Bernds Tagesablauf schon durcheinandergewirbelt und jetzt auch noch diese unnötige Verzögerung – ganze sechs Minuten zu spät! Er atmet laut hörbar aus. Der Social Media Managerin entgeht dieser Ausdruck des Missfallens nicht, aber sie ignoriert den nonverbalen Vorwurf, denn sie hat ein wichtigeres Thema.

»Dear Colleagues ... äh ... sorry ... Liebe Kollegen«, erhebt sie die Stimme und stellt sich aufrecht hinter den freien Sessel am Kopfende. »Sie haben sich sicherlich gefragt, warum ich Sie heute so kurzfristig zu diesem Meeting eingeladen habe.«

Die Belegschaft am Tisch nickt und murmelt Dinge wie: »In der Tat!«, »Jaaaa ...« und »Ich ahne Schreckliches.«

»Sie gehören zu dem Inner Circle, der als Erstes erfährt, welchen neuen Schritt in Richtung Digitalisierung ich gemeinsam mit dem Vorstand beschlossen habe.« Sie schaut triumphierend in die erlesene Runde. Zu ihrer Überraschung zeigen die wenigsten Gesichter eine Reaktion der Freude oder gar Begeisterung über ihre Ankündigung. Das mag daran liegen, dass es in den vergangenen Monaten immer Stress und Mehrarbeit bedeutet hat, wenn wieder mal »großartige« Ideen etabliert wurden, die mit aktuellen Trends wie »agilem Arbeiten«, »Lean Management« oder eben »Digitalisierung« zu tun hatten. Oft stellten sich die neuen Ansätze als schillernde Seifenblasen heraus, die nur mit heißer Luft gefüllt waren und bei der kleinsten Berührung platzten, da sie nicht wirklich durchdacht waren.

Lisa Importante zieht ihren roségoldenen Minilaptop, der farblich zu ihrem Handy passt, aus der Straußenledermappe und verbindet ihn mit ein paar Klicks drahtlos mit dem zwei

Meter breiten Ultra-HD-Flat-Screen, der hinter ihr an der Wand hängt. Auf dem Bildschirm erscheint eine Grafik mit dem goldfarbenen Titel »Digital Revolution by Lisa Importante/Head of Social Media and Global Online Customer Communications«. Während der nun folgenden Erläuterungen klickt sie parallel durch passende Illustrationen.

Die Social Media Managerin verkündet, dass innerhalb der nächsten sechs Monate das komplette Telefonsystem nach und nach abgeschaltet wird und stattdessen sämtliche Telekommunikation über die Computer erfolgen wird.

Jetzt sind alle Anwesenden wach! Einige, weil ihre Neugier geweckt wurde, andere, weil ihre Ängste aktiviert wurden. Besonders der Puls von Bernd Pawlowski ist gerade in die Höhe geschnellt.

»Wie soll denn das gehen? Das ist doch Humbug!«, wirft er wütend ein.

Die Social Media Managerin fährt unbeirrt fort, nicht ohne dem Kollegen aus der Buchhaltung einen strafenden Blick zuzuwerfen. Sie beschreibt die geplante Umstellung im Detail: Anstelle der klassischen Telefonapparate soll jeder Arbeitsplatz mit einem Headset und einer Webcam ausgestattet werden. Zudem wird eine Software zur Videotelefonie auf jedem Rechner installiert. Sie beginnt, die Vorteile aufzuzählen, die diese technische Umstellung mit sich bringt: Man kann sich beim Telefonieren nun auch sehen. Dadurch wird eine bessere und persönlichere Kommunikation mit den Kollegen möglich. In naher Zukunft werden auch die Standorte im Ausland die neue Technik erhalten, sodass man dann durch die visuelle Verbindung auch einen engeren Kontakt zu den Mitarbeitern in aller Welt aufbauen kann, die man ansonsten nur selten oder nie zu Gesicht bekommt.

Einige der Kollegen im »Canale Grande« nicken anerkennend, anderen sieht man an, dass sie die Konsequenzen dieser Neuerung noch nicht ganz einordnen können, und einer macht sich lautstark bemerkbar: »Muss ich meinen Gesprächspartner nun auch noch sehen? Mir ist es jetzt schon bei manchen zu viel, wenn ich nur die Stimme höre. Wir sind doch die letzten Jahrzehnte ohne das neumodische Zeug sehr gut ausgekommen. Warum kann man nicht bei dem Altbewährten bleiben?«, schimpft Pawlowski.

»Herr Pawlowski«, erwidert Frau Importante kühl, »wenn wir immer bei dem Altbewährten blieben, dann würden wir heute noch in Höhlen leben und mit Rauchzeichen kommunizieren. Lassen Sie mich die weiteren Advantages der Communication Revolution schildern.« Egal welche positiven Aspekte die straighte Businessfrau im Folgenden nennt, Bernd äußert Bedenken.

Ihr Argument: »Sie haben die Möglichkeit, sich an jedem Rechner im Unternehmen einzuloggen oder sogar irgendwo anders auf der Welt, und sind dennoch immer unter derselben Nummer erreichbar. Dadurch kann agiler gearbeitet werden«, kontert er mit: »Seit neun Jahren sitze ich immer am selben Platz: Büro 6.13, und daran wird sich in nächster Zeit nichts ändern. Das neue System brauchen wir nicht!«

»Sie können mit dem neuen Digital Package Ihren Bildschirm für Ihren Gesprächspartner freigeben, dadurch können Sie gemeinsam Dokumente anschauen oder sogar gleichzeitig daran arbeiten!«, erklärt Lisa. Doch das lässt Bernd nicht stehen, sondern hält dagegen: »Meine Unterlagen sind alle vertraulich, ich arbeite in der Buchhaltung! Da lasse ich doch niemanden reinschauen, damit würde ich gegen die Paragrafen 8a bis 8j meines Arbeitsvertrages verstoßen.«

Inzwischen ist nicht nur Lisa Importante genervt, auch der Großteil der anderen Teilnehmer rollt bei Bernds Einwürfen mit den Augen oder schüttelt verständnislos den Kopf. Zum Abschluss ihrer Präsentation zieht Lisa ihren größten Trumpf aus dem Ärmel: »Sie werden sich vielleicht gewundert haben, warum gerade ich als Head of Social Media and Global Online Customer Communications dieses wichtige, innovative technische Konzept eingebracht habe.« Ohne eine Reaktion abzuwarten, fährt sie selbstbewusst fort. »Durch das neue System werden wir nicht nur in der Internal Communication unsere Competitors hinter uns lassen, sondern auch im Bereich der Customer Communications eine neue Superior Benchmark setzen, die für weltweite Aufmerksamkeit sorgen wird.« Vielsagend schaut sie in die Runde, um dann zu erklären, dass die Kunden demnächst die Möglichkeit haben werden, sich per Videochat direkt mit den Ansprechpartnern in den einzelnen Abteilungen in Verbindung zu setzen. Dadurch würde eine nie dagewesene persönliche Beziehung zwischen Kunden und Unternehmen entstehen.

Bernd öffnet den Mund, um Einspruch zu erheben, bekommt aber zunächst keinen Laut heraus. Dann presst er hervor: »Sie wollen nicht nur ein komplett neues System einführen, sondern auch noch die Kunden auf uns loslassen? Sind Sie sich eigentlich im Klaren darüber, was das für Risiken mit sich bringt? Das muss doch alles erst mal genauestens durchdacht, getestet und überprüft werden!« Er springt von seinem Sessel auf und läuft an den Kollegen vorbei in Richtung Tür, dabei mahnt er eindringlich: »Wir brauchen außerdem systematische Schulungen, detaillierte Leitfäden für die Nutzung, Notfallpläne für alle Eventualitäten! Das ist doch Wahnsinn! Telefone abschaffen, Videokonferenzen mit der ganzen Welt, Kunden die uns sehen können!« Er ist jetzt bei der Tür angekommen, reißt sie auf und stürmt in den Flur. Kurz bevor die Tür ins Schloss fällt, hört man ihn noch rufen: »In diesem Laden läuft alles aus dem Ruder!«

Ein paar Sekunden betretenes Schweigen im edlen Konferenzraum, bis der Kollege aus dem Einkauf grinsend sagt:

»Mit dem neuen System braucht der Pawlowski in Zukunft nur noch einen Knopf zu drücken, und schon können alle im Unternehmen live dabei sein, wenn er wieder mal einen seiner Anfälle bekommt.« Einhelliges Lachen aus allen Kehlen.

12:59 Uhr

Büro Rechnungswesen – »Denkspaziergänge!«

Gabi Mustermann und ihr Kollege Bernd Pawlowski kommen gerade aus der Mittagspause. Beide arbeiten schon seit Jahren zusammen, und so hat er ihr unter dem Siegel der Verschwiegenheit erzählt, was zuvor im »Inner Circle« von Lisa Importante verkündet worden war. Gabi war genauso entsetzt wie er über die Aussicht, dass es bei »Sonnenschein & Söhne« bald keine Telefone mehr geben soll. Trotz aller Aufregung haben die beiden sich nicht den Appetit verderben lassen, schließlich war heute Schnitzeltag in der Kantine –

wie an jedem Mittwoch. Gabi hat sich für das Jägerschnitzel entschieden, mit Pommes und Ketchup, so wie immer. Bernd mag es lieber fruchtiger, also landete ein Schnitzel Hawaii auf seinem Tablett, so wie immer. Einzige Ausnahme: Anstelle der üblichen Pommes mit Mayo gab es gemischten Salat zu dem panierten Fleisch. »Das muss sein! In drei Wochen lieg ich am Strand, und da will ich eine gute Figur machen!«, hatte der stämmige Sachbearbeiter seiner Kollegin erklärt.

Gut gesättigt betreten die beiden ihr Büro und schauen mit dem Schließen der Tür auf den Sekundenzeiger der Wanduhr. Er springt in genau diesem Moment auf die volle Stunde. 13:00 Uhr, sie sind pünktlich wie jeden Mittag aus der Pause zurück. Gabi und Bernd nicken sich zufrieden lächelnd zu. »Es ist unser gutes Recht, die Pausenzeiten auszunutzen, die uns zustehen. Das ist schließlich vertraglich geregelt. Aber wir dürfen auch nicht die Firma ausnutzen, deshalb ist Pünktlichkeit eine Pflicht!«, doziert Gabi gerne, wenn Sie neue Mitarbeiter oder Praktikanten einarbeitet. Sie muss es schließlich wissen, denn sie ist schon seit 23 Jahren hier im Unternehmen tätig und dabei noch nie negativ aufgefallen. Sie hat noch nie gefehlt. Außer an diesem einen Tag nach dem Betriebsfest vor vier Jahren. Aber wer konnte schon ahnen, dass die Erdbeerbowle, die Frau Schneider aus der Personalabteilung mitgebracht hatte, so hochprozentig war, wo sie doch so leicht und lecker geschmeckt hat.

Mit einer routinierten Tastenkombination entsperrt Bernd seinen Computer, den er vorschriftsmäßig vor der Mittagspause gesichert hat, und öffnet das Buchhaltungsprogramm. Während es lädt, schaut er aus dem Fenster. Das Büro von ihm und Gabi befindet sich im hinteren Teil des Firmengebäudes, und so haben sie einen wunderbaren Blick in den Park, der sich daran anschließt. Zu dieser Jahreszeit grünt und blüht es dort nur so. Es gibt sogar einen See, auf dem jetzt die Enten mit ihren Jungen erste Schwimmübungen machen. Ansonsten liegt Ruhe über der Grünanlage, keine Menschenseele ist zu sehen. Obwohl, da spaziert doch jemand gemächlich auf dem Weg, der rund um den See führt. Bernd erstarrt. »Er ... er ... er macht es schon wieder!«, stammelt er.

»Wer macht was schon wieder?«, fragt Gabi, ohne den Blick vom Computerbildschirm zu heben. Sie ist voll darauf konzentriert, ihr Mailpostfach zu sortieren. »Ordnung ist das halbe Leben!«, ist eine ihrer liebsten Devisen, und die gilt nicht nur beim Strukturieren ihrer E-Mails.

»Der Libertus!«

»Was ist denn nun mit dem Libertus?«, hakt Gabi unwirsch nach, die nicht gerne aus ihrer Arbeit gerissen wird.

Bernd hat sich halb aus seinem Bürostuhl erhoben und hängt nun verkrampft zwischen Sitzen und Stehen in der Luft, während er tonlos ergänzt: »Er spaziert wieder um den See.«

»Wie? Jetzt? Um diese Uhrzeit?« Gabi traut ihren Ohren nicht. Sie folgt Bernds Blick, und ihr Mund bleibt offen stehen. Tatsächlich, da läuft ein Mann um den See, der den typisch wiegenden Gang von Christian Libertus hat. Ist das wirklich der Kollege aus der Nachbarabteilung? Gabi fällt auf, dass der Spaziergänger eine hellblaue Jacke trägt. Jetzt gibt es auch für sie keinen Zweifel mehr. Es wäre schon ein großer Zufall, wenn es noch einen Menschen gäbe, der nicht nur genauso unangemessen energetisch wie der Libertus läuft, sondern auch noch so eine aufdringlich blaue Jacke anhat. »Aber ... aber ... die offizielle Mittagspause ist doch schon längst vorbei! Mindestens seit drei Minuten!« Gabis Gesicht wird rot wie Erdbeerbowle. An Arbeit ist für die beiden jetzt nicht mehr zu denken. Was der Kollege sich da rausnimmt, ist eine Unverschämtheit. Das geht jetzt schon seit vier Wochen so. Regelmäßig schlendert er vergnügt um den See, während alle anderen Kollegen schon wieder fleißig an ihren Schreibtischen sitzen und das tun, wofür sie schließlich bezahlt werden: arbeiten.

Christian Libertus hat sich inzwischen aus Gabis Blickfeld bewegt, sodass sie nun auf die andere Seite des Raumes zu Bernds Schreibtisch wechselt, um besser sehen zu können.

»Weißt du eigentlich, wie der seine Mittagsausflüge nennt?«, fragt die Buchhalterin, während sie sich an ihrem Kollegen vorbeischlängelt, um näher am Fenster zu stehen. »Stell dir mal vor, er nennt es Denkspaziergänge! DENKSPAZIERGÄNGE!!!«, echauffiert sie sich.

»Der hat sie doch nicht mehr alle!«, blafft Bernd. »Ich sag doch, in diesem Laden läuft alles aus dem Ruder!«

Mittlerweile kniet Gabi auf Bernds Schreibtisch, um den Kollegen, den sie inzwischen erneut aus dem Blick verloren hat, im Park wiederzufinden. Wo steckt der nur, der Schlendrian? Plötzlich taucht Kollege Libertus hinter einem der Büsche auf, der sich direkt vor dem Fenster der beiden Buchhalter befindet … und er schaut genau zu ihnen rüber. Bernd geht schnell hinter Gabi in Deckung, die immer noch auf seinem Schreibtisch kniet, und Gabi fällt nichts Besseres ein, als verkrampft zu lächeln und Christian Libertus albern zuzuwinken. Der lächelt und winkt zurück.

13:15 Uhr

Großraumbüro Kundenhotline – »Die hat wieder ihre fünf Minuten!«

Christian Libertus hat gerade seine blaue Windjacke ausgezogen und an den Garderobenständer im Großraumbüro gehängt. Er muss immer noch über den Anblick schmunzeln, der sich ihm eben bot, als er das Gebäude durch den Hintereingang betreten hat: Die Mustermann kniet auf Pawlowskis Schreibtisch, grinst blöd und winkt, während er mit seinem Gesicht an ihrem Hintern klebt. Keine Ahnung was er da gesucht hat, aber jedem das Seine.

Der sportliche 34-Jährige ist Teamleiter der Kundenhotline Bereich Süd. Auf dem Denkspaziergang, von dem er gerade zurückkehrt, hat er einige gute neue Ideen entwickelt, um das Teamwork zu verbessern und die Kundenzufriedenheit zu steigern. Die wird er beim nächsten Teammeeting in die Runde werfen und ist jetzt schon gespannt, welche zusätzlichen Ideen oder Verbesserungsvorschläge seine Mitarbeiter noch haben werden.

Auf dem Weg zu seinem Büro, das sich am anderen Ende des Großraumbüros befindet, streift sein Blick über sein Team, das zum Teil mit Telefonaten beschäftigt ist, andere bereiten Kundengespräche am Computer nach. Eine bunt gemischte Truppe. Das erkennt man schon allein an den einzelnen Schreibtischen: Eva zum Beispiel hat neben ihrem Bildschirm Fotos von ihrer Familie und eine Sammlung von Glücksbringern stehen, Gerds Arbeitsplatz ist dagegen sehr übersichtlich strukturiert, außer Computer und Telefon hat er nur einen Block und einen einzelnen Stift vor sich, und Steffis Tisch gleicht einem botanischen Garten, denn er steht voller kleiner Topfpflanzen und Kakteen. Christian hat sie alle ins Herz geschlossen, gerade weil sie so unterschiedlich sind.

Kurz bevor der Teamleiter an seinem Büro ankommt, bleibt er abrupt stehen. Was ist das für ein Lärm? Aus dem Zimmer seiner Kollegin – sie ist zuständig für das Telefonie-Team West – ist Geschrei zu hören. Die Stimme von Martina Meier-Trast schallt schrill durch die Tür. Es sind zwar nur Wortfetzen wie »Absprache« und »unentschuldbar« zu verstehen, aber die in Verbindung mit dem aggressiven Tonfall reichen aus, um zu erkennen, dass da gerade jemand eine ordentliche Abreibung bekommt. Nicht nur Christian hat das bemerkt, sondern auch eine seiner Mitarbeiterinnen, neben deren Tisch er gerade zum Stehen gekommen ist. Sie verdreht die Augen.

»Martina hat mal wieder ihre fünf Minuten!«

»Wen hat es diesmal erwischt?«, will Christian wissen.

»Wieder mal die Sandra.«

In diesem Moment wird die Tür geöffnet, und Sandra kommt mit eingezogenem Kopf heraus. Bevor sie die Tür hinter sich schließen kann, brüllt ihre Chefin ihr noch hinterher: »Und wenn das noch einmal passiert, dann bekommst du eine Abmahnung!«

Auf Christians Nachfrage hin, was sie denn Schreckliches getan habe, erzählt Sandra, dass Martina sie dabei erwischt hat, wie sie während der Arbeitszeit ihr Handy auf dem Tisch liegen hatte. Und das ist, zumindest im Hotlineteam von Frau Meier-Trast, streng verboten. Christian hebt eine Augenbraue. Seinem Team erlaubt er selbstverständlich, Handys auf dem Schreibtisch zu haben. Wenn es nicht überhandnimmt, dann ist es vollkommen okay, ab und zu drauf zu schauen. Bevor er auch nur ein Wort der Beruhigung zu der Mitarbeiterin des Nachbarteams sagen kann, reißt Frau Meier-Trast die Tür ihres Büros auf. Im Gegenlicht sieht sie aus wie eine Hexe: Die langen Haare sind zerwühlt und stehen in alle Richtungen ab, in ihren Händen hält sie ein dickes Zauberbuch, das sie nun dramatisch über ihren Kopf hebt. Moment ... das ist ja gar kein Zauberbuch, es ist ein Aktenordner. Mit schriller Stimme keift sie: »Und die Berichte sind auch fehlerhaft!« Dann schleudert sie den Ordner mit aller Kraft in Sandras Richtung – er verfehlt sie nur knapp und landet mitten im Großraumbüro krachend auf dem Boden – und knallt die Tür zu.

Christian ist fassungslos. »Das ist ja furchtbar!«

»Och...«, kommt es von Sandra, die sich ein Grinsen nicht verkneifen kann. »Ich fand die Leistung gar nicht so schlecht. So weit hat sie bisher noch nie geworfen.«

15:36 Uhr

Teeküche – »Hast du schon gehört?«

Martina Meier-Trast hat inzwischen ihre Haare wieder gerichtet. Die 48-Jährige Teamleiterin sieht erschöpft aus. In den letzten Wochen war das Arbeitspensum noch höher als sonst, und das wird sich auch so bald nicht ändern. Vor allem wenn demnächst die klassische Telefonie durch Online- und Videotelefonie ersetzt werden soll. – Diese Neuigkeit hat sich mittlerweile wie ein Lauffeuer herumgesprochen.

Martina ist auf dem Weg zur Teeküche im Zentraltrakt. Dort hat sie für Notfälle Schokoladeneis im Kühlfach deponiert, und jetzt ist so ein Ausnahmezustand: Sie braucht Nervennahrung. Zu tief sitzt ihr Ärger über das Verhalten von

Sandra. Ihre Mitarbeiterin hatte doch tatsächlich schon wieder ihr Handy während der Arbeitszeit auf dem Tisch liegen und hat immer wieder darauf herumgetippt. Martina bereut, dass sie vorhin deswegen so ausgeflippt ist, aber sie muss ihren Mitarbeitern vertrauen können, und wenn die sich noch nicht mal an einfache Absprachen halten wie die »Kein Handy auf dem Tisch«-Regel, wie soll das dann erst bei größeren Dingen werden? Sie muss sich einfach auf ihr Team verlassen können, um den immer weiter steigenden Ansprüchen der Firmenleitung gerecht zu werden.

In Gedanken versunken, folgt Martina Meier-Trast dem langen Flur. Hinter der nächsten Ecke befindet sich ihr Ziel: die Teeküche. Schon vor dem Abbiegen hört sie Gemurmel und hämisches Lachen. Die Stimmen gehören Susi Plauderbach und Paulus Ratscher, zwei Mitarbeitern aus dem Einkauf. Die beiden lästern gerade ausgiebig über eine etwas fülligere Kollegin.

»Boah, die Nicole wird auch immer fetter.«

»Stimmt. Immer wenn ich mit der Fahrstuhl fahre, habe ich Angst, dass wir stecken bleiben.«

Die beiden prusten los, und als Martina um die Ecke biegt, tun sie schnell so, als wären sie intensiv damit beschäftigt, in ihren Kaffeetassen zu rühren. Dabei giggeln sie weiter vor sich hin. Die Teamleiterin nickt den Kollegen kurz zu und geht zum Kühlschrank, um ihr ersehntes Schokoladeneis aus dem Gefrierfach zu holen. Auf die Packung hat sie ein Post-it mit dem Hinweis »Privateigentum von Martina Meier-Trast« geklebt. Zu ihrer Zufriedenheit stellt sie fest, dass sich bisher niemand anderes an ihrer Notration bedient hat. Wenigstens etwas!

»Martina, du holst dir dein Seelentröstereis? Ist denn was Schlimmes passiert?«, fühlt ihr Susi auf den Zahn.

»Ach, ich habe halt viel zu tun«, ist die kurze Antwort.

Martina würde niemals jemandem von ihrem Ärger mit ihren Mitarbeitern erzählen. Das ist vertraulich und eine Sache zwischen ihr und ihrem Team.

Man sieht Susi und Paulus deutlich die Enttäuschung an. Sie hatten gehofft, von ihrer Kollegin neues Material geliefert zu bekommen, um es in diversen Lästerrunden verbreiten zu können.

Martina hat inzwischen die Einliterpackung Schokoladeneis geöffnet und eine ordentliche Portion mit einem Löffel herausgeschabt, den sie sich nun genüsslich in den Mund steckt. »Redet ruhig weiter, ich wollte euch nicht unterbrechen«, ermuntert sie die Kollegen aus dem Einkauf, die stumm in ihren Kaffeetassen rühren.

»Och, wir hatten eigentlich nichts mehr zu besprechen«, versucht sich Paulus aus der Affäre zu ziehen.

»Wenn es euch an Themen fehlt, über die ihr lästern könnt, dann unterstütze ich euch gern«, schlägt Martina unschuldig vor. Das köstliche Schokoladeneis hat schon seine Wirkung erzielt. Sie ist ruhiger und hat wieder den Schalk im Nacken, den auch ihr Team so an ihr mag.

Susi und Paulus schauen sich erstaunt an. Die Meier-Trast ist auch eine Lästerschwester? Das ist ja großartig! Die beiden stellen synchron ihre Tassen ab und drehen sich zu ihr um.

»Schieß los!«

»Das muss jetzt aber wirklich unter uns bleiben.«

»Aber sicher! Auf uns kannst du zählen!«

»Also, es gibt da eine Mitarbeiterin, sie ist Teamleiterin ...«

»Ja? Und?!«

»... die hat ganz komische Angewohnheiten. Die sagt Menschen ganz klar, was sie denkt. Zum Beispiel, dass sie es nicht mag, wenn über andere hinter deren Rücken geredet wird.«

»Waaaas?«

»Und, jetzt haltet euch fest, wenn die Stress hat, dann macht die was ganz Verrücktes, um sich wieder zu entspannen.«

»Erzähl!« Susi und Paulus rücken näher.

»Wenn die Stress hat, dann …« Martina macht eine Kunstpause.

»Ja?« Susi hält die Spannung nicht mehr aus.

»Also, wenn die Stress hat, dann isst die Schokoladeneis!« Martina steckt sich einen weiteren Löffel Eis in den Mund und geht grinsend aus der Teeküche.

17:37 Uhr

Eingangshalle – »Dann will ich Sie mal nicht länger aufhalten!«

Susi Plauderbach und Paulus Ratscher haben eigentlich schon seit über einer halben Stunde Feierabend, aber sie haben sich mit dem Pförtner verquatscht. Er ist einfach eine zu gute Quelle für neue Geschichten über die Kollegen. Im Gegenzug haben sie ihm auch erzählt, wie die Meier-Trast sie vorhin vorgeführt hat. Alle drei sind sich einig: Die war schon immer eine Außenseiterin. Geteilter Klatsch und Tratsch sind schließlich wichtig, um das Gemeinschaftsgefühl zu stärken.

Das Telefon des Pförtners klingelt, er geht ran. »Einen Moment bitte!« Er tippt in seinem Computer herum und verkündet dann am Telefon. »Nein, Herr Kasupke ist nicht mehr im Haus. Er hat um 17:03 ausgestempelt … Gerne!« Unter den neugierigen Blicken der beiden Kollegen aus dem Einkauf legt er auf. »Das war der von Sekursburg, der neue Abteilungsleiter Produktentwicklung.«

»Und?«, fragen Susi und Paulus im Chor.

»Er wollte wissen, ob einer seiner Mitarbeiter noch im Haus ist.«

»Warum ruft er den denn nicht einfach direkt an oder schaut in dessen Büro nach?«, wundert sich Susi. Der Pförtner zuckt mit den Achseln.

Paulus lässt seinen Blick nach draußen schweifen, und plötzlich stutzt er. Durch die große Glasfront der Eingangshalle hat er einen freien Blick auf den nördlichen Gebäudetrakt, und dort schleicht jemand über den Gang im ersten Stock. Es scheint ein Mann zu sein, der da gerade zaghaft an einer offen stehenden Tür um die Ecke lugt, um dann schnell daran vorbeizuhuschen. »Leute! Ich glaube, da ist ein Einbrecher im Gebäude!«, stammelt Paulus und zeigt in Richtung des Flurschleichers. Susi und der Pförtner schauen in die angewiesene Richtung. Der Mitarbeiterin aus dem Einkauf schwant etwas. »Wartet mal, in dem Trakt sitzt doch die Produktentwicklung. Das wird doch nicht ...«

»Ingo von Sekursburg! – Der gerade hier angerufen hat!«, ergänzt Paulus fassungslos. Was, um Himmels willen, macht der da?

Währenddessen im Nordtrakt, Abteilung Produktentwicklung: Ingo von Sekursburg nähert sich langsam dem Büro von Rolf Kasupke. Auch wenn er eben vom Pförtner erfahren hat, dass sein Mitarbeiter schon nach Hause gegangen ist, lässt er lieber Vorsicht walten. Der 34-Jährige versucht, möglichst leise aufzutreten. Es sieht wirklich merkwürdig aus, wie sich der seriös wirkende Mann mit Seitenscheitel und Seidentuch um den Hals langsam an der Flurwand entlangschiebt. In der Hand hält er eine Aktenmappe mit neuen Aufgaben für Kasupke. Der junge Abteilungsleiter, der gerade erst sein Studium abgeschlossen hat, will frischen Wind in das Unternehmen bringen und er stößt dabei immer wieder auf Widerstand bei den alten Hasen, die schon seit zwanzig Jahren in der Firma tätig sind. Um der Konfrontation mit Rolf Kasupke und Konsorten so weit wie möglich aus dem Weg zu gehen, hat er sich eine neue Taktik überlegt: Er platziert Unterlagen und Aufgaben einfach erst nach Feierabend auf den Schreibtischen der anstrengenden Kollegen und entgeht so der direkten Auseinandersetzung.

»Ein genialer Schachzug!«, denkt sich von Sekursburg, als er mutig mit schnellen Schritten an der nächsten offenen Bürotür vorbeitrippelt, durch die noch Licht auf den Flur fällt. Man kann ja nie wissen, ob da noch jemand arbeitet, der ihn auf frischer Tat ertappen könnte. Noch zwei Türen, und dann ist er am Ziel. Aus dem Raum, den er eben passiert hat, hört er eine weibliche Stimme: »Hallo? Ist da jemand?«

Jetzt bloß nicht die Nerven verlieren. Der Flur ist eine Sackgasse, er hat also keine Chance, in die andere Richtung zu fliehen. Einfach stehen bleiben und nichts sagen? Sich hinter dem Gummibaum da drüben verstecken? Von Sekursburg ist zwar schlank, aber so schlank, dass er von dem dünnen Stamm einer Zimmerpflanze verdeckt würde, nun auch wieder nicht. Verdammt, was soll er nur machen? »Hallo?«, wiederholt die Stimme und klingt nun näher als vorher. Angstschweiß bildet sich auf der Stirn des Abteilungsleiters. Der Kopf einer jungen Frau schiebt sich durch die Türöffnung, sie schaut rechts und links und schreit auf, als sie in Ingos Augen blickt, der nur wenige Zentimeter neben dem Türrahmen zum Stehen gekommen ist. »O mein Gott! Sie haben mich zu Tode erschreckt!«

»Das tut mir leid«, stammelt Ingo von Sekursburg.

»Da macht man sauber und denkt sich nichts Böses und dann so was!«, schimpft die junge Frau.

Ah! Sie gehört zum Putzteam, wird von Sekursburg klar.

Er wittert eine Chance, unbeschadet aus der Sache herauszukommen.

»Kennen Sie mich?«, fragt er und ist bemüht, dabei möglichst unverfänglich zu schauen, was ihm nur mittelmäßig gelingt.

»Nööö!«, kommt von der Raumpflegerin.

»Gut! Äh…ich meine…gut, dass wir uns mal treffen, mein Name ist…äh…Schneider und ich arbeite für das Facility Management. Wollte gerade mal überprüfen, ob hier ordentlich geputzt wird.« Er schaut mit kritischem Blick an der jungen Frau vorbei in den Raum, aus dem sie eben gekommen ist. »Scheint alles in bester Ordnung zu sein. Sie machen einen sehr guten Job. Weiter so!« Er tätschelt ihr anerkennend die Schulter und hofft, dass sie das Zittern seiner Hand nicht bemerkt. »Dann will ich Sie mal nicht länger aufhalten!…Und schau mal in den anderen Büros nach dem Rechten!« Er wedelt bedeutungsschwanger mit der Aktenmappe in seiner Hand und macht sich aus dem Staub. Die Putzfrau schüttelt verwundert den Kopf und geht wieder an die Arbeit.

Mit einem erleichterten Seufzen legt Ingo von Sekursburg den Ordner auf Kasupkes Schreibtisch. Das war knapp. Er muss sich für die Zukunft etwas Neues überlegen. Vielleicht doch den Kollegen die Unterlagen während der Arbeitszeit persönlich übergeben? Auf gar keinen Fall! Aber es gibt doch hier diese Gondel, die die Fensterputzer benutzen, um von außen an die Scheiben heranzukommen. Vielleicht könnte er damit heimlich…»Tüttelütütüüü – Tüttelütütüüü – Tüttelütütüüü!« Das Klingeln des Telefons vor ihm sorgt dafür, dass sein Puls, der sich gerade etwas beruhigt hatte, wieder in die Höhe schnellt. Er starrt auf den Apparat, den es ja aufgrund der digitalen Revolution in ein paar Monaten nicht mehr geben wird. Aber jetzt steht er noch da: schwarz, bedrohlich und nervig klingelnd. »Empfang« ist im Display zu lesen. Vorsichtig dreht sich von Sekursburg in Richtung der Eingangshalle, die er von seiner aktuellen Position aus durch die geöffnete Bürotür und die großen Flurfenster gut sehen kann. Dort steht der Mann vom Empfang mit dem Hörer am Ohr und neben ihm zwei Kollegen, die er nicht kennt. Alle drei schauen zu ihm herüber und machen große Gesten, dass er rangehen soll. Ingo nimmt mit zitternder Hand den Hörer ab.

»Hallo noch mal, Herr von Sekursburg«, kommt die Stimme des Sicherheitsmannes aus dem Hörer, »ich wollte nur mal nachhören, ob alles in Ordnung ist.«

»Gut, dass Sie anrufen«, versucht von Sekursburg halbwegs souverän zu antworten. »Glückwunsch! Sie haben den Test bestanden!«

»Welchen Test?«

»Ich wollte sehen, ob Sie wirklich ein wachsames Auge haben und handeln, wenn Ihnen ungewöhnliche Dinge auffallen.« Er gibt ein »Daumen hoch«-Zeichen in Richtung Empfang. Den Kollegen dort verschlägt es die Sprache.

An diesem Abend liegen nicht nur Ingo, Susi, Paulus und der Empfangsmitarbeiter noch lange wach, sondern auch viele andere Kollegen von »Sonnenschein & Söhne«. Sie alle überlegen, ob sie wirklich am nächsten Morgen wieder in dieses Irrenhaus gehen wollen oder ob Krankschreiben, Hartz IV, Auswandern oder die Teilnahme an einer Marsmission ohne Rückflugticket bessere Alternativen wären.

Mitten aus dem Arbeitsleben

Wir alle erleben fast täglich solche oder ähnliche Geschichten mit unseren Kollegen, wie ich sie auf den letzten Seiten beschrieben habe. Wenn wir anderen davon erzählen, ernten wir manchmal zweifelnde Blicke und Kommentare wie: »Ach komm, du übertreibst« oder »Sooo schlimm wird es schon nicht gewesen sein!«.

Doch! Sie werden mir beipflichten, dass es auch in Ihrem Unternehmen wirklich so verrückt zugeht, wenn nicht sogar noch schlimmer. Das ist der Arbeitsalltag! Um uns herum arbeiten Menschen, bei denen wir uns fragen, wie sie bisher überlebt haben. So schräg, dumm und unfähig, wie die sich geben, ist es schon ein Wunder, dass sie es überhaupt schaffen, sich morgens richtig anzuziehen, ohne dass ihnen jemand die Klamotten rauslegt. Und diese Typen bekommen dann auch noch die Verantwortung für wehrlose Mitarbeiter, hohe Budgets und sensible Projekte. »Wenn die Kollegen nur halbwegs so vernünftig und so kompetent wären wie wir, dann wäre uns bei unserem stressigen Job schon mal um einiges geholfen!«, denken dann manche von uns ... bei aller Bescheidenheit. Aber sind die anderen tatsächlich so unfähig und wir dagegen so hoch qualifiziert? Ich möchte Sie einladen, mit mir gemeinsam in die Köpfe der anstrengenden Bürogenossen zu schauen, um besser zu verstehen, was sie zu ihren »verrückten Taten« treibt. Nur Mut! Blättern Sie einfach um!

TEIL 2
Warum manche Kollegen so anstrengend sind

Die wollen doch nur spielen

Die Überschrift dieses Kapitels fasst in einem Satz zusammen, warum sich manche Kollegen so danebenbenehmen und uns auf die Nerven gehen: Die wollen doch nur spielen. So simpel ist die Erklärung. Mehr brauchen Sie eigentlich nicht zu wissen, um den alltäglichen Wahnsinn bei der Arbeit zu verstehen. Vielen Dank für Ihre Aufmerksamkeit bis hierher, Sie können das Buch jetzt zuklappen. Was jetzt kommt, sind nur noch ein paar Details zur Sache.

»Der Fischedick spinnt ja wohl! So einfach ist das alles nicht!«, werden Sie jetzt vielleicht denken. Doch, es ist wirklich so einfach: Unsere Kollegen machen uns das Leben schwer, weil sie eigentlich nur spielen wollen, genauso wie Sie, liebe Leserin und lieber Leser. Geben Sie mir ein paar Seiten Zeit, um meine These zu erläutern. Sie werden danach die Welt und Ihre Kollegen sehr wahrscheinlich mit anderen Augen sehen.

Um zu verstehen, warum wir uns nicht mit jedem gut verstehen, muss ich mit einer für Sie vielleicht enttäuschenden Nachricht anfangen: Auch wenn wir uns für extrem hoch entwickelt und effizient halten, so sind wir Menschen doch nur ein uraltes Modell einer Spezies in einer modernen Welt. »Körperlich und geistig sind wir bei der Geburt im Grunde mit den Menschen identisch, die vor 10000 oder auch 100000 Jahren gelebt haben«, sagt Wissenschaftsautor Thilo Spahl. In uns steckt ein Steinzeitmensch, der anstelle der Keule das Smartphone in der Hand hält – die Waffe der heutigen Zeit. Die Aussage des Wissenschaftlers enthält ein wichtiges Detail: Wir sind bei der Geburt so wie unsere Urväter. Er schreibt nicht, dass wir unser Leben lang so bleiben. Der Grund: Wir Menschen haben die Gabe, uns geistig und auch körperlich an die Bedingungen anzupassen, in denen wir landen, wenn wir auf die Welt kommen. Genauso wie ein Schmied durch seine Arbeit mit der Zeit größere Muskeln in Armen und Oberkörper entwickelt oder ein Radsportler kräftigere Beine, so passt sich auch unser Gehirn an die Anforderungen an, die unsere individuelle Umwelt an uns stellt. Man spricht hier von Neuroplastizität. Wir sind von Natur aus keine Spezialisten, sondern Generalisten. Wir können alles ein bisschen, aber nichts richtig gut. Wir werden mit einem undifferenzierten, lernfähigen Gehirn geboren. Bei manchen Tieren ist das anders. Spinnen sind zum Beispiel in der Lage, ihre komplizierten Netze zu bauen, ohne dass ihnen das vorher jemand gezeigt hätte. Die dazu nötigen Verschaltungen im Gehirn bilden sich artspezifisch ganz von allein aus. Bei Fischen und Krokodilen ist das ähnlich, ihr Verhalten ist komplett genetisch vorprogrammiert. Spätestens bei den Vögeln und erst recht bei den Säugetieren, zu denen auch wir gehören, beginnen sich diese starr angeborenen Muster jedoch immer stärker zu öffnen. Die Verhaltensweisen entstehen nicht mehr automatisch, sondern müssen von den Nachkommen erlernt werden.

Um diese Aufgabe bewältigen zu können, bekommen wir eine sehr gute Grundausstattung mit auf den Weg: bei der Geburt hat unser Gehirn ungefähr ein Drittel mehr Nervenzellen als im Erwachsenenalter. Wir kommen mit einem

Überfluss an Rohmaterial auf die Welt, aus dem sich unzählige Arten von Verschaltungen, Nervenkomplexen und Hirnstrukturen bilden lassen – je nachdem, wie es aufgrund der individuellen Lebensumstände benötigt wird. Wenn wir größer werden, baut sich nach und nach das nicht genutzte Nervenmaterial ab.

Sobald wir an unserem Geburtstag aus dem gemütlichen Mutterleib mit dem Rundum-sorglos-Paket ausziehen müssen – eigentlich eine Frechheit, dass das ausgerechnet am Geburtstag sein muss –, fangen wir an, unsere Umwelt und auch unseren Körper zu erkunden. Wir stellen fest, dass wir mit diesen beiden Stelzen da unten an unserem Körper strampeln können, dass wir mit einer gewissen Mimik ein Lächeln bei Mama und Papa hervorzaubern oder dass sich das Stofftier, mit dem wir unser Bettchen teilen, extrem flauschig anfühlt. Später stecken wir dann alles in den Mund, was wir zwischen die Fingerchen bekommen. Schließlich haben wir an Lippen und Zunge die höchste Dichte an Sinneszellen und können auf diese Weise gleichzeitig Beschaffenheit und Geschmack all der spannenden Dinge analysieren, derer wir habhaft werden. Bei der Gelegenheit lernen wir dann auch gleich die ersten Spielregeln, die in der Welt gelten, die wir gerade entdecken. Zum Beispiel, dass es nicht erlaubt ist, sich jeden beliebigen Gegenstand in den Mund zu stecken. Was hatten die Erwachsenen damals nur dagegen, dass wir uns eine brennende Kerze oder ein Messer zwischen die Lippen schieben? Als Fakir kann man nicht früh genug mit dem Training anfangen!

»Auch wenn ich denen manchmal gerne etwas in den Mund stopfen würde, damit sie endlich Ruhe geben, was hat die Erklärung zu unserer kindlichen Entwicklung mit meinen nervigen Kollegen zu tun?«, werden die Ungeduldigen unter Ihnen jetzt denken. Lesen Sie vertrauensvoll weiter und Sie werden immer deutlicher die Zusammenhänge erkennen.

Weiter in der Geschichte unserer persönlichen Entwicklung: Manchmal haben Kollegen oder sogar wir selbst den Eindruck: »Das Leben ist hart, man muss um alles kämpfen!«. Das stimmt aber nicht. Denn zum einen geht es bei uns heute nicht mehr jeden Tag um Leben und Tod wie bei unseren steinzeitlichen Vorfahren, zum anderen hat die Natur es so vorgesehen, dass wir Spaß haben, während wir lernen, die Welt zu verstehen und mit Herausforderungen umzugehen – und zwar unser Leben lang. Immer wenn wir etwas Neues entdecken, Zusammenhänge begreifen oder Lösungen finden, werden wir belohnt – mit Drogen! Ja, Sie lesen richtig, wir alle sind drogenabhängig, nicht nur als Säuglinge, sondern auch als Erwachsene. Unser Belohnungszentrum im Mittelhirn reagiert mit der Freisetzung von besonderen Botenstoffen, wenn wir Aha-Erlebnisse haben. Diese Substanzen, wie Dopamin oder endogene Opiate, wirken sehr ähnlich wie Kokain und Heroin und sorgen für das wunderbare Gefühl, das manchmal unseren ganzen Körper erfasst, und das wir Freude oder gar Begeisterung nennen. Gleichzeitig wirken diese besonderen Botenstoffe wie Dünger auf neuronale Vernetzungen und fördern das Wachstum von Nervenfortsätzen und die Neubildung und Stabilisierung von Synapsen. Dadurch werden bestehende Netzwerke weiter ausgebaut und neue Verschaltungen gefestigt, die uns dabei hilfreich waren, ein Problem zu lösen oder eine neue Erkenntnis zu gewinnen.

Und so bildet sich von unserer Geburt an mit jeder spielerischen Erkenntnis ein bisschen mehr unsere individuelle Hirnstruktur heraus. Nach und nach erkennen wir immer klarer, was uns Spaß macht. Was das ist, hängt von unserer körperlichen und geistigen Veranlagung ab. Vielleicht lieben wir Musik und haben Freude daran, mit allen möglichen Gegenständen Töne zu erzeugen. Oder wir merken, dass es uns Spaß macht, uns körperlich zu betätigen, und wir rennen und klettern, was das Zeug hält. Möglicherweise haben wir auch eine Veranlagung für Sprache und lernen schneller sprechen als andere Kinder. All das machen wir nicht, weil wir müssen, sondern weil wir Lust darauf haben.

Wir Menschen sind soziale Wesen und haben daher den Drang, auch mit anderen »zusammen zu spielen«, das heißt miteinander auszukommen und dabei auch noch Spaß zu haben. Sie erinnern sich an die körpereigenen Drogen!? Und so lernen wir von klein auf die Spielregeln, um auch mit unseren Bezugspersonen gemeinsam Spaß zu haben, und diese können ganz unterschiedlich sein: Mama liest uns nur eine zweite Gutenachtgeschichte vor, wenn wir ohne zu quengeln ins Bett gehen, bei Papa reicht ein Hundeblick und ein lang gezogenes »Büüüütteeee!«, um ihm noch mindestens eine weitere Geschichte aus den Rippen zu leiern. Je älter wir werden, desto bewusster wird uns, wofür wir von unserer Umwelt mit Freundlichkeit, Liebe und Nähe belohnt werden und wofür nicht. Werden wir in den Arm genommen, wenn wir besonders still und brav sind, oder bekommen wir mehr Zuwendung, wenn wir laut und aufbrausend sind? Gibt es ein Bussi, wenn wir unsere Schwester streicheln oder wenn wir uns wehren, weil sie mit unserem Stofftier spielen will? Bekommen wir Anerkennung, wenn wir uns bei etwas besonders anstrengen oder wenn wir eine besonders leichte oder clevere Lösung gefunden haben?

Besonders in den ersten Lebensjahren lernen wir die Grundregeln für das »Spiel des Lebens«: »So ist es richtig!«, »So macht man das!«, »Du kannst doch nicht einfach …!«, »Das gehört sich nicht!«, sind Kommentare, die uns Hinweise darauf geben, ob wir gerade nach den Regeln gespielt oder dagegen verstoßen haben. Genauso bekommen die Glaubenssätze, die uns unsere Bezugspersonen vorleben oder gar vorsagen, Einträge in unser mentales Regelbuch: »Eine Schwalbe macht noch keinen Sommer!«, »Du musst zur Mama immer lieb sein!«, »Hochmut kommt vor dem Fall!«, »Sei sorgfältig!«, »Zeig dich nie verletzlich!«, »Ein Mann muss was leisten, um seiner Familie etwas bieten zu können!«, »Eine Frau muss für Ihren Mann da sein und ihre eigenen Bedürfnisse zurückstellen!«, ...

Wir alle haben so ein unbewusstes Regelwerk. Der entscheidende Punkt: Bei jedem von uns stehen unterschiedliche Dinge darin, denn es gibt keine verbindlichen, allgemeingültigen Spielregeln. Jede Kultur, jede Familie hat eine andere Idee davon, wie man miteinander umgehen sollte, was wichtig und richtig im Leben ist, was erstrebenswert ist und was nicht. Die eine Familie bringt ihren Kindern bei, dass man nach außen hin etwas darstellen muss. Dazu gehört es, erfolgreich zu sein, viel Geld zu verdienen, Markenkleidung zu tragen, in einem großen Haus zu wohnen, teure Autos zu fahren und sich nur mit Menschen aus höheren Gesellschaftsschichten zu umgeben. Andere Eltern leben vor, dass soziale Werte wichtiger sind als oberflächlicher Prunk. Dazu gehören soziales Engagement und Bescheidenheit. Und so lernen die Kinder, dass es reicht, nur so viel zu verdienen, dass man satt wird und ein Dach über dem Kopf hat, dass selbst genähte oder Secondhandkleidung auch genügt, ein gebrauchtes Fahrrad als Transportmittel vollkommen ausreicht und jeder Mensch zu respektieren ist, egal ob Obdachloser oder Multimillionär. Alle unsere Veranlagungen und subjektiven Erfahrungen prägen uns für unser Leben. Wir behalten diese Spielregeln bei, wenn wir erwachsen werden. Jemand, der von klein auf gelernt hat, dass Status wichtig ist, wird im Job sehr wahrscheinlich alles tun, um Karriere zu machen und viel

Geld zu verdienen. Das kann auch bedeuten, hart zu sein und seine eigenen Interessen um jeden Preis durchzusetzen. Ein Mitarbeiter, dem ein extrem soziales Verhalten vorgelebt wurde, wird eher darauf achten, dass es den Kollegen gut geht, und dafür auch manchmal seine eigenen Interessen zurückstellen.

Es gibt keine allgemeingültigen Regeln für das »Spiel des Lebens«

Dummerweise ist uns oft nicht bewusst, dass jeder von uns etwas andere Vorstellungen davon hat, wie das Spiel des Lebens »richtig« funktioniert. Wir nehmen fälschlicherweise an, dass jeder im Grunde dieselben Regeln verinnerlicht hat. Das heißt, wenn ein Kollege sich anders verhält oder anders denkt als wir, dann verstößt er in unseren Augen gegen »die« Spielregeln, und das ärgert uns. Wir glauben, dass wir uns »normal« verhalten und die nervigen Kollegen nicht. In dem Wort »normal« steckt das Wort »Norm« und damit die Idee, dass es so etwas wie ein Regelwerk gibt, das verbindlich für alle gilt. Das trifft auch für einige Bereiche des Lebens zu: Es gibt Gesetze, die bestimmen, was unsere Grundrechte sind, was strafbar ist, wie wir uns im Straßenverkehr zu verhalten haben, wie Steuern abzuführen sind oder was beim Import von Katzenbabys zu beachten ist und vieles mehr. Aber es gibt keine Gesetze, die besagen, was man im Leben erreichen muss, wie man das Ganze anstellen soll und wie man mit seinen Mitmenschen im Alltag umzugehen hat.

Ihre Kollegen sind nicht verrückt

Gleichzeitig suggeriert die Vorstellung eines »normalen Verhaltens«, dass jeder, der dies nicht an den Tag legt, »verrückt« ist. Doch Ihr Kollege ist nicht verrückt, wenn er eine andere Auffassung als Sie davon hat, wie man »richtig« zusammenarbeitet. Genauso wenig sind Sie »normal«, nur weil Sie sich mit ein paar anderen Kollegen darüber einig sind, wie es auf der Arbeit ablaufen sollte. Dass Sie sich einig sind, besagt nur, dass Sie zufällig eine ähnliche Erziehung genossen und vergleichbare Erfahrungen in Ihrem Leben gemacht haben. Immer wenn wir auf Kollegen und andere Mitmenschen treffen, die ähnliche Spielregeln haben wie wir, verstehen wir uns mit ihnen gut, können leicht mit ihnen zusammenarbeiten und Spaß haben.

Die Essenz: Wir alle sind von Natur aus dazu veranlagt, die Welt spielerisch zu entdecken und mit anderen Spaß zu haben. Wenn wir auf Menschen treffen, die durch ihre Erziehung und Erfahrungen andere »Spielregeln« gelernt haben, sorgt dies oft für Konflikte. Beide Seiten sind der Meinung, sie selbst verhalten sich »regelkonform« und der andere hat die Regeln nicht richtig verstanden oder spielt sogar bewusst ein falsches Spiel. Bei allen Unterschieden haben wir aber eines alle gemeinsam: »Wir wollen doch nur spielen!«

Im nächsten Kapitel schauen wir gemeinsam in die Köpfe der Kollegen aus der Firma »Sonnenschein & Söhne«, die Sie am Anfang des Buches kennengelernt haben. Dadurch bekommen Sie Einblicke in die sehr unterschiedlichen unbewussten Regelwerke der verschiedenen Charaktere und werden noch besser verstehen, wie wir uns durch unsere jeweiligen Ideen, wie das Spiel »Arbeit« richtig funktioniert, im Job gegenseitig das Leben schwer machen.

Die Spielregeln der Kollegen

Lassen Sie uns einen Blick in die Spielregeln werfen, nach denen einige der Akteure aus dem ersten Teil in ihrem Arbeitsalltag agieren. Diese Regeln sind ihnen selbst zum Teil gar nicht bewusst.

Nehmen wir zum Beispiel Herbert Meyer. Der Hausmeister, der auf Katja Kümmer, die Assistentin des Leiters Kundenmanagement, trifft und von ihr nicht nur mit Muffins, sondern auch mit ungewollten Informationen vollgestopft wird. Er ist genervt von Ihrer vereinnahmenden Art. Seine Spielregeln könnten so aussehen:

3 x Flansch
20 x Dübel 15mm

SPIELREGELN

Herbert Meyer
Hausmeister

#1 Nutze deine Zeit effizient.

#2 Selbständigkeit ist wichtig.

#3 Man sollte zu jedem höflich sein.

#4 Es ist

Um zu verstehen, warum er mit Katja Kümmer nicht wirklich zurechtkommt, schauen wir auch in ihr mentales Regelwerk:

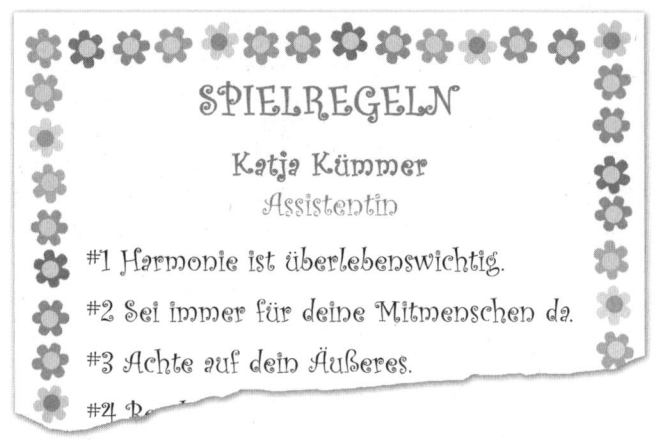

SPIELREGELN

Katja Kümmer
Assistentin

#1 Harmonie ist überlebenswichtig.

#2 Sei immer für deine Mitmenschen da.

#3 Achte auf dein Äußeres.

#4 B...

Für Katja ist es essenziell, dass sich alle »lieb haben« und es jedem gut geht, daher erscheint es ihr als selbstverständlich, sich mit dem Hausmeister zu unterhalten, ihn zu umsorgen und nicht direkt an die Arbeit zu gehen. Für den Hausmeister dagegen steht effizientes Arbeiten an erster Stelle, wodurch eine angespannte Situation entsteht. Da für ihn aber gleichzeitig Spielregel #3 gilt: »Man sollte zu jedem höflich sein«, beherrscht er sich und erträgt das »Verwöhnprogramm« von Katja zumindest vorübergehend.

Während Katja in der ersten Szene mit dem Ausgang der Situation noch ganz zufrieden ist, macht sie die darauffolgende Episode mit ihrem Chef fassungslos: Er hört ihr nicht zu, obwohl sie ein wichtiges Thema anspricht, das relevant für die Leistung der Abteilung ist. Schließlich kann die Eiszeit zwischen den Kollegen, die Katja wahrgenommen hat, dazu führen, dass sich die Fertigstellung der neuen Software verzögert. Hier ist ihr zwischenmenschliches Feingefühl extrem hilfreich. Aber warum wird es von ihrem Chef nicht geschätzt? Ein Blick in sein unbewusstes Regelwerk gibt Aufschluss:

SPIELREGELN

Klaus Dräger
Bereichsleiter

#1 Übernimm Verantwortung.

#2 Zuverlässigkeit ist wichtig.

#3 Bleib bescheiden.

#4 ...

Jetzt werden Sie vielleicht denken: »Aber seine Assistentin hat doch Verantwortung übernommen, indem sie ihn auf die Eiszeit zwischen den EDV-Kollegen hingewiesen hat. Damit erfüllt sie seine Regel #1. Warum ignoriert er sie dennoch?«

Erinnern Sie sich daran, wie der Tag weiter verläuft? Klaus Dräger hat ein Krisengespräch mit dem jungen Kollegen Praud, der bei der Umsetzung der Eventvorbereitungen unzuverlässig ist und dafür noch nicht mal die Verantwortung übernimmt, sondern auch noch großspurig sich selbst über den grünen Klee lobt. Damit verstößt er gegen die drei wichtigsten Spielregeln seines Chefs, und deswegen belastet Herrn Dräger dieses Thema schon am Morgen so sehr, dass er seiner engagierten Assistentin keine angemessene Aufmerksamkeit schenken kann. Vielleicht kennen Sie das aus Ihrem eigenen Erleben: Wenn sich jemand danebenbenimmt, weil er gegen unsere (unbewussten) Regeln verstößt, dann ärgert uns das, und wir haben den Drang, dagegen vorzugehen – zumindest denken wir vorrangig an diese »Frechheit« und können uns kaum auf etwas anderes fokussieren.

Wenn Sie mögen, dann gehen Sie für sich auch die anderen Geschichten durch und analysieren Sie, welche Spielregeln die einzelnen Protagonisten haben und welche Unterschiede darin dafür sorgen, dass Konflikte und angespannte Situationen entstehen.

Diese erste kleine Übung trägt dazu bei, mehr Verständnis für das Verhalten anderer zu entwickeln, das auf den ersten Blick unverständlich, nervig oder albern erscheint. Vielleicht haben Sie schon beim Lesen der Geschichten festgestellt, dass Sie manche Charaktere auf den ersten Blick unsympathisch fanden, in der jeweils zweiten Konstellation aber auf einmal verstehen konnten, weshalb er oder sie sich zuvor so verhalten hat. Nehmen Sie zum Beispiel Christian Libertus, über den sich die Kollegen aus der Buchhaltung aufregen, da er während der Arbeitszeit »Denkspaziergänge« macht. Vielleicht haben Sie beim Lesen auch gedacht: »Geht ja gar nicht«. Als Sie Christian dann aber in der nächsten Geschichte näher kennengelernt haben, konnten Sie möglicherweise nachvollziehen, dass er ein kreativer Kopf ist, der durch seine Ideen das Unternehmen nach vorne bringt. Und auf einmal haben Sie seinen Spaziergang um den See in einem ganz anderen Licht gesehen, haben erkannt, dass er damit keine Zeit vertrödelt, sondern dies seine persönliche Art ist, um neue Einfälle zu bekommen, die »Sonnenschein & Söhne« zugutekommen. Sie müssen die Sichtweisen der unterschiedlichen Charaktere gar nicht gutheißen, für einen ersten Schritt der Annäherung reicht vollkommen Ihre Bereitschaft aus, die anderen Perspektiven nachvollziehen zu wollen.

Ich kann mir vorstellen, dass die Denkweise, die ich Ihnen hier vorstelle, anstrengend für Sie ist. Da haben Sie sich dieses Buch vorgenommen in der Hoffnung zu erfahren, wie Sie die nervigen Kollegen endlich zur Räson bringen, und dann verlange ich von Ihnen Verständnis! Im nächsten

Kapitel lege ich sogar noch eine Schippe drauf. Also nehmen Sie zur Stärkung besser noch einen Schluck Kaffee, Tee, Wasser … oder etwas Härteres, und dann lesen Sie bitte weiter.

Unsere eigenen Spielregeln

Sie müssen jetzt ganz stark sein: Auch wir machen unseren Kollegen die Zusammenarbeit nicht immer leicht. Nur weil Dinge sich für uns richtig anfühlen, uns leichtfallen und ganz selbstverständlich zu sein scheinen, heißt das noch lange nicht, dass alle, die mit uns zusammenarbeiten, es genauso empfinden. Genau darin liegt die Ursache für den Stress mit unseren Mitmenschen: Wir sind davon überzeugt, dass wir es »richtig« machen, und gehen davon aus, dass nur die, die genauso ticken wie wir, verstanden haben, wie Zusammenarbeit und Zusammenleben funktionieren.

Dazu kommt, dass wir nicht nur von unseren Bezugspersonen in der Kindheit geprägt wurden, sondern auch von unserem ersten Chef beziehungsweise den Chefs, die uns am meisten beeindruckt haben. Das kann durch absolutes Charisma und Brillanz geschehen sein, strenge Autorität und eine harte Hand oder auch durch totale Farblosigkeit und Unvermögen. Der letzte Fall hat uns gezeigt, wie es nicht geht, und wir haben in unser mentales Regelbuch geschrieben: »Einfach genau das Gegenteil von dem tun, was der Chef vorlebt, dann funktioniert es.« So oder so haben wir von ihm oder ihr gelernt, was die Normen für eine anständig ausgeführte Arbeit sind.

Angenommen, Ihr erster Chef hat Ihnen in Ihr unbewusstes Regelwerk diktiert: »Übernimm die volle Verantwortung für deinen Job und triff eigenständige Entscheidungen!« Sie arbeiten entsprechend, bekommen dafür Lob von Ihrem Boss – oder zumindest keinen Tadel – und sammeln gleichzeitig die Erfahrung, dass Sie mit dieser Verhaltensweise gut vorankommen und Ihre Ziele erreichen. Auch Ihre Kollegen verhalten sich adäquat, und so hat die Regel mit der Zeit einen festen Platz in Ihrer Anleitung für das »Spiel des Lebens« bekommen.

Nun wechselt Ihr Chef oder Sie kommen in ein anderes Arbeitsumfeld. Hier gilt das ungeschriebene Gesetz: »Triff keine eigenständigen Entscheidungen, und wenn etwas schiefläuft, sind immer die anderen oder die Umstände schuld!« Sie kennen diese Regel nicht, und selbst wenn Sie davon wüssten, würden Sie wahrscheinlich die Stirn runzeln, den Kopf schütteln und »Pffft« machen ... oder einen anderen Laut der Verachtung und des Unverständnisses von sich geben. Deswegen agieren Sie weiterhin so wie zuvor, übernehmen also Verantwortung und treffen eigenständige Entscheidungen. Was glauben Sie, wie die Reaktion Ihres neuen Chefs oder Ihrer neuen Kollegen ausfällt? Begeisterungsstürme? Direkte Beförderung? Heiratsanträge? – Eher unwahrscheinlich. Die Chancen stehen sehr hoch, dass Sie und Ihr »merkwürdiges Verhalten« das nächste Topthema bei den Lästerrunden der Kollegen in den Kaffeepausen werden und Ihr neuer Chef sie rügt wegen Ihrer »Alleingänge«, denn so wird er wahrscheinlich nach seinem Weltbild Ihre Eigenständigkeit bewerten. Gleichzeitig fühlen Sie sich verkannt, weil Sie doch alles so gemacht haben, wie bisher. Wie kann das, was bisher richtig war, auf einmal falsch sein?

Es geht noch eine Stufe härter: Stellen Sie sich vor, Sie würden aufgrund Ihrer beruflichen Erfolge abgeworben und bekämen eine Leitungsfunktion in einem anderen Unternehmen. Hier sollen Sie Ihre Erfahrung einsetzen, um frischen Wind in den Laden zu bringen. Nun wurde die Abteilung, die Sie übernehmen, bisher nach gänzlich anderen Regeln geführt als jenen, von denen Sie überzeugt sind. Werden Ihre neuen Mitarbeiter Ihre Ansätze voller Freude befolgen? Vielleicht diejenigen, die mit Ihrem Vorgänger nichts anfangen konnten. Doch diejenigen, die ihn geschätzt haben, werden erst einmal in Widerstand gehen, da Sie als neuer Vorgesetzter in ihren Augen keine Ahnung haben – ansonsten würden Sie schließlich nicht so irrwitzige Ansagen machen. Ihr neues Team ist überzeugt, dass Sie eine weltfremde Nervensäge sind, und Sie selbst sind sich im Gegenzug sicher, dass zumindest ein Teil der neuen Kollegen engstirnige, unfähige Arbeitsverweigerer sind.

Auch wenn wir es gerne anders hätten: Niemand von uns besitzt die perfekten, universellen, allgemeingültigen Spielregeln. Ich weiß, es wäre zu schön, wenn wir der oder die Auserwählte wären mit dem allmächtigen Wissen, nach dem sich alle ehrfurchtsvoll richten. Die nackte Wahrheit sieht anders aus. Auch wir haben nur eine sehr subjektive Idee davon, wie das Spiel des Lebens richtig gespielt wird. Und es ist und bleibt anstrengend, mit anderen Menschen auszukommen, die so ganz andere Regeln im Kopf haben als wir selbst. Dennoch behaupte ich, dass es sich lohnt, die Mühe der Kooperation auf sich zu nehmen. Glauben Sie nicht? Dann lesen Sie den nächsten Abschnitt.

Die Vorteile, miteinander zu spielen

Wir leben in einer VUCA-Welt! Nein, VUCA ist kein neues Möbelstück von IKEA, sondern ein Akronym, das das Umfeld beschreibt, in dem wir heute arbeiten:

Volatility (Unbeständigkeit)
Uncertainty (Unsicherheit)
Complexity (Komplexität)
Ambiguity (Mehrdeutigkeit)

Der Begriff entstand in den 1990er-Jahren an einer amerikanischen Militärhochschule und diente zunächst dazu, die multilaterale Welt nach dem Ende des Kalten Krieges zu beschreiben. Später wurde er auch auf den Unternehmenskontext ausgeweitet, da er sehr treffend zusammenfasst, mit welchen Herausforderungen wir heute in unserem Arbeitsalltag zu tun haben.

Volatility > Ständig ändert sich etwas, nicht zuletzt durch die immer schneller voranschreitende Digitalisierung, die viele Prozesse beschleunigt. Die Anforderungen des Marktes schwanken, durch die globale Vernetzung haben wirtschaftliche und kulturelle Veränderungen in allen Winkeln der Welt direkte und indirekte Auswirkungen auf das Unternehmen, für das Sie tätig sind, und damit auch auf Ihre Arbeit. Sie kennen das sicher auch aus Ihrem Job: Gefühlt jeden Monat gibt es eine neue Software, neue Strukturen, neue Arbeitsabläufe et cetera.

Uncertainty > Dass sich unser Arbeitsumfeld, unsere Aufgaben und daraus resultierend die Art der Zusammenarbeit fortwährend ändern, führt dazu, dass wir unsicherer werden. Das, woran wir uns gerade gewöhnt haben, was wir gerade halbwegs verstanden haben, gilt morgen schon nicht mehr. Gerade diese Unsicherheit ist ein großes Thema bei den Teilnehmern meiner Seminare und Coachings. Mir wird immer wieder die Frage gestellt: »Worauf kann ich mich noch verlassen? Was in meinem Arbeitsumfeld wird auch in Zukunft Bestand haben?« Meine Antwort ist, dass nichts wirklich auf Dauer Bestand hat. Das Einzige, worauf Sie sich in der heutigen Zeit verlassen können, sind die Tatsache, dass sich alles immerzu ändert, und auf sich selbst.

Complexity > Computer nehmen uns Standardaufgaben ab und erledigen diese schneller, als wir es je könnten, deshalb nutzen die Arbeitgeber die Kapazitäten der Mitarbeiter für anspruchsvollere Aufgaben, die (noch) nicht von Maschinen und Computern übernommen werden können. Gleichzeitig führen immer komplexere automatisierte Analysen des Marktes, der Kunden, der Fertigung et cetera dazu, dass Sie als Arbeitnehmer noch mehr Faktoren in Ihrer Arbeit berücksichtigen müssen. Als wäre das nicht genug, können wir aufgrund des schnellen Tempos und der komplexen Zusammenhänge nicht immer alles vorausplanen und können nicht absehen, welchen Einfluss unsere Entscheidungen auf andere Variablen haben werden, von denen wir zum Teil gar nichts wissen.

Ambiguity > Die Zusammenarbeit folgt nicht mehr in allen Bereichen eindeutigen, klar vorgegebenen Strukturen. Wir müssen zunehmend selbst interpretieren, was gewisse Veränderungen und Ausrichtungen für unseren Tätigkeitsbereich bedeuten. Das verlangt mehr Selbstverantwortung und unternehmerisches Denken. Jeder von uns hat viele verschiedene Aufgabengebiete und damit gleichzeitig unterschiedliche Rollen im Unternehmen, und Verantwortungsbereiche überschneiden sich. Daraus ergeben sich Unklarheiten. Wer ist nun für was zuständig? Was ist der beste Weg, um eine Aufgabe unter den aktuellen Umständen zu erfüllen? Was genau bedeuten die Daten der neuesten Analysen für mich und meine Tätigkeit? Dazu kommt bei internationalen Unternehmen die unterschiedliche Interpretation neuer Herausforderungen abhängig von der Kultur des jeweiligen Landes, in dem sich die Standorte befinden. Wir müssen lernen mit dieser Unterschiedlichkeit, der Multikultur, umzugehen.

Um in diesen bewegten Zeiten am Ball zu bleiben, helfen keine klar definierten Handlungsleitfäden, wie vielleicht noch vor zehn Jahren. Die Rufe nach diesen Dokumenten, in denen alles, was zu tun ist, Schritt für Schritt beschrieben wird, höre ich sehr oft in Unternehmen. Zeitgemäß ist das nicht, denn Prozesse verändern sich rasant und Papiere sind oft schon in dem Moment veraltet, in dem sie aus dem Drucker kommen.

Das, was uns heute Sicherheit gibt, sind keine kleinteiligen Anleitungen, sondern Beziehungen. Nur wenn wir uns der Unterstützung der unterschiedlichsten Kollegen sicher sein können, sind wir gewappnet, um flexibel mit Veränderungen umgehen und diese aktiv mitgestalten zu können. Nur gemeinsam können wir heutzutage viel erreichen. Dabei ist gerade die Unterschiedlichkeit unserer Weltsichten ein Vorteil in der Zusammenarbeit. Wir brauchen im Team die Kreativen genauso wie die Strukturierten, die Traditionellen genauso wie die Visionäre, die Sachlichen genauso wie die Emotionalen, die Introvertierten genauso wie die Extrovertierten et cetera. Jeder Kollege hat besondere Fähigkeiten, die sich von unseren Spezialisierungen unterscheiden. Wir alle sind ein bisschen so wie die »X-Men«. Falls Sie die Filmreihe nicht kennen: Die »X-Men« sind Menschen, die über außergewöhnliche Talente verfügen. Wolverine hat geschärfte Sinneswahrnehmungen, Storm besitzt die Fähigkeit, Stürme hervorzurufen und Blitze zu erzeugen, Professor X ist in der Lage, Gedanken zu lesen, Mystique kann sich wie ein Chamäleon in andere Menschen verwandeln et cetera. Genauso haben wir Kollegen, die viel mehr wahrnehmen als wir selbst. Sie können uns mit Informationen versorgen, die uns vielleicht entgangen sind. Wir haben manchmal Menschen im Team, deren aufbrausende Art auf den ersten Blick anstrengend ist, bei genauerem Hinsehen jedoch hilft, Dinge auf den Tisch zu bringen, die schon lange unterschwellig gebrodelt haben. Und so sorgen sie im Endeffekt für klare Luft – wie nach einem Gewitter. Eine Mitarbeiterin ist so empathisch und kann sich so gut in andere hineinversetzen, dass es schon fast an Gedankenlesen grenzt. Und vielleicht gibt es da auch den einen Kollegen, der mit jedem gut auskommt, der sich mit dem spröden Typen aus der EDV genauso gut versteht wie mit dem fordernden Kunden, der sensiblen Mitarbeiterin aus dem Rechnungswesen, dem dominanten Vertriebler. Er ist wie ein Chamäleon, das sich an jede Umgebung anpassen kann. Alle können uns mit ihren Fähigkeiten darin unterstützen, es bei der Arbeit leichter zu haben und schneller voranzukommen – sofern wir es schaffen, eine gute Beziehung zu ihnen aufzubauen, indem wir uns trotz unterschiedlicher Regeln auf ein gemeinsames Spiel einlassen.

Vielleicht denken Sie jetzt: »Fischedick, jetzt sehen Sie die Kollegen aber sehr verklärt romantisch! Das sind und bleiben Nervensägen und keine Superhelden! Kommen Sie mal wieder auf den Boden zurück!« – Ich bin gespannt, ob Sie am Ende des Buches immer noch so denken.

Arbeiten ist mehr, als nur zu funktionieren

Es gibt noch einen weiteren Aspekt, der es in meinen Augen attraktiv macht, Energie in ein gutes Verhältnis und ein reibungsloses Zusammenspiel mit den Kollegen zu investieren: Arbeit kann und darf Spaß machen. Natürlich könnten Sie den Standpunkt vertreten: »Ich gehe arbeiten, um Geld zu verdienen, und nicht, um mich zu vergnügen und neue Freunde zu finden!« Aber ist das noch zeitgemäß in einer Arbeitswelt mit immer weniger Patriarchen und immer flacheren Hierarchien? Einer Arbeitswelt, die immer mehr zusammenrückt und immer persönlicher wird?

Es ist tatsächlich möglich, dem Ernst des Lebens mit Spaß zu begegnen. Und es hat sogar große Vorteile, wie die Hirnforschung belegt: Wenn wir spielerisch an eine Sache herangehen, sind mehr Hirnregionen aktiv als bei einer verbissenen, engstirnigen Geisteshaltung. Dadurch sind wir offener im Denken und können neue Wege entdecken, die unsere Arbeit leichter und erfolgreicher machen.

Jetzt könnten Sie denken »Ich kann doch auch alleine spielerisch an die Sache rangehen! Was brauch ich dazu Kollegen?« Wenn Sie mit anderen zusammen neue Ideen entwickeln, hat das den Vorteil, dass Sie gebündeltes Wissen und Erfahrung nutzen können und dadurch ganz andere Ergebnisse erzielen. Wenn sich dabei alle auch noch spielerisch begegnen, dann schöpfen Sie dank der offeneren Geisteshaltung noch mehr Potenziale aus. Durch diese sogenannte Kokreativität, also die gemeinsame Erschaffung von etwas Neuem, wird es leichter, auf die Realität der VUCA-Welt zu reagieren. In einer Arbeitswelt, in der Standardaufgaben immer mehr von Computern und Robotern übernommen werden, wächst die Bedeutung von Kreativität und Fantasie. Gleichzeitig schafft die gemeinsame spielerische

Haltung eine neue Art der Verbundenheit mit den Kollegen, nach der wir uns als soziale Wesen von Natur aus sehnen. Wenn wir den auf den ersten Blick so nervigen Kollegen, die uns anstrengen oder uns gar Angst machen, auf einer spielerischen Ebene begegnen, dann sind wir gelöst und ohne Furcht. Dann kann Arbeit Spaß machen. – Lassen Sie mich kurz nachdenken ... ich kenne niemanden, der etwas dagegen hätte, Spaß zu haben und dabei auch noch Geld zu verdienen.

Ich höre schon den einen oder anderen ins Buch murmeln: »Bei der Arbeit geht es nicht um Spaß, sondern darum, Leistung zu bringen und Umsatz zu machen. Wenn ich am Ziel bin, dann kann ich mir auch mal Spaß gönnen ... und auf der Weihnachtsfeier!«

In dieser Hinsicht hat der Psychologe Shawn Achor bei seinen Studien Interessantes herausgefunden. Der Harvard-Professor befasst sich intensiv mit der Frage, welchen Einfluss unsere innere Haltung auf unseren Erfolg hat. Er stellte fest, dass wir beruflich wesentlich erfolgreicher sein können, wenn wir Spaß haben und glücklich sind. »Das Gehirn funktioniert in einem positiven Zustand signifikant besser als in einem neutralen oder negativen Zustand. Die Intelligenz ist höher, die Kreativität verstärkt sich, die Energielevel steigen an«, erklärt Achor. »Im positiven Zustand ist das Gehirn 31 Prozent produktiver. Verkäufer steigern ihre Leistung um 37 Prozent. Ärzte arbeiten 19 Prozent schneller und akkurater.«

Nachdem der Wissenschaftler drei Jahre lang insgesamt 45 Länder bereist und dort mit Schulen und Unternehmen zusammengearbeitet hat, kann er sagen: Der Irrglaube, dass härtere Arbeit zu größeren Erfolgen führt, existiert überall und zieht sich durch alle Formen der Kindererziehung und der Zusammenarbeit. Viele vorhandene Potenziale bleiben dadurch einfach ungenutzt.

Ich fasse die vier großen Vorteile eines spielerischen Umgangs mit »nervigen« Kollegen zusammen:

- Die Beziehung zu Ihren Kollegen wird besser.
- Sie haben mehr Spaß bei der Arbeit.
- Kokreativität wird möglich, die zu besseren Lösungen führt.
- Sie steigern Ihre eigene Produktivität.

In meinen Augen sind dies alles erstrebenswerte Ziele. Aber wie kommt es dann, dass wir bei der Arbeit so selten eine spielerische Haltung einnehmen? Im nächsten Kapitel werde ich hierzu auf Spurensuche gehen.

Darum spielen wir so selten bei der Arbeit

Wenn es doch so viele Vorteile hat, spielerisch mit Spaß und Freude zusammenzuarbeiten, warum machen wir es nicht? Warum spielen wir nicht viel mehr gemeinsam, sondern so oft gegeneinander? Ursache sind unter anderem die folgenden vier Fehlannahmen, denen wir auch im Job immer wieder auf den Leim gehen:

Fehlannahme #1: Der Stärkere überlebt.

Dieser Haltung begegne ich leider immer wieder in Unternehmen: »Ein Meeting, ein Konfliktgespräch oder eine Verhandlung sind nur dann gut, wenn ich mich am Ende durchsetzen konnte!« Zusammenarbeit wird als Kampf gesehen und nicht als gemeinsames Spiel. Man verwechselt »Gewinn machen« mit »gewinnen«. »Gewinnen« beinhaltet, dass es einen Sieger und einen Verlierer gibt. Daraus resultiert im täglichen Miteinander die Vorstellung, dass die »nervigen« Kollegen bezwungen werden müssen. »Gewinn machen« heißt dagegen, dass es keinen Verlierer geben muss, sondern alle Beteiligten am Ende einen Vorteil haben. Auch wenn dies im ersten Moment unrealistisch klingen mag, ist es möglich. Wie das geht, zeige ich Ihnen im weiteren Verlauf des Buches.

Die Idee, dass man die eigene Position im Kampf mit den Kollegen durchsetzen muss, geht auf den Begriff »Survival of the fittest« zurück, den der britische Sozialphilosoph Herbert Spencer schon im Jahr 1864 prägte und der leider oft falsch ins Deutsche übersetzt wird als »Der Stärkere überlebt«. Richtig ist die eingedeutschte Bedeutung »Der Angepasstere überlebt«, was meint, dass wir dann die größte Überlebenschance haben, wenn wir möglichst gut an unseren Lebensraum angepasst sind. In der heutigen Zeit bedeutet es, dass wir dann eine gute Chance haben, zu »überleben«, beruflich voranzukommen und unsere Möglichkeiten zu nutzen, wenn wir gut mit anderen Menschen vernetzt sind.

Damit dies gelingt, brauchen wir soziale Kompetenzen, um mit den unterschiedlichen Charakteren umgehen zu können. Das erfordert einen Umgang auf Augenhöhe anstelle von Dominanz.

An diesen Sätzen erkennen Sie, dass Sie oder andere der Fehlannahme #1 aufsitzen:

>»Dem habe ich es mal ordentlich gezeigt!«
>»Das zahle ich dem heim!«
>»Die mache ich fertig!«
>…

Fehlannahme #2: Für Zusammenarbeit gibt es eine allgemeingültige Norm.

Wie Sie zuvor erfahren haben, hat jeder aufgrund seiner Erfahrung und Erziehung unterschiedliche Vorstellungen davon, wie die Welt funktioniert. Dazu kommen noch die Unterschiede in unserer bisherigen Berufserfahrung. Ich erlebe es deshalb häufiger in Unternehmen, die schnell gewachsen sind, dass sich die »alten Hasen« über die neuen Kollegen beschweren, die sich anders verhalten, als das eingeschworene Team, das schon seit Jahren zusammenarbeitet. Kein Wunder: Dieses Team hat über Jahre ganz unbewusst einen Verhaltenskodex entwickelt, den nur der verstehen kann, der auch an der Entstehung beteiligt war. Die neuen Mitarbeiter kommen aber aus anderen Unternehmen, in denen es einen anderen Kodex gab. Wenn beide Seiten darauf beharren, es »richtig« zu machen, da sie glauben, die »Norm« zu sein, wird eine positive Zusammenarbeit schwierig. Sobald jedoch beide Seiten anfangen, sich für die (unbewussten) Spielregeln des anderen zu interessieren und an gemeinsamen Regeln arbeiten, wird sich die Situation entspannen. Wie das in Ihrem Arbeitsalltag funktioniert, erfahren Sie im dritten Teil des Buches.

An diesen Sätzen erkennen Sie, dass Sie oder andere der Fehlannahme #2 aufsitzen:

»Das haben wir hier immer so gemacht!«
»Das geht so nicht!«
»Was fällt dem denn ein!«
…

Fehlannahme #3: Einige Kollegen sind von Natur aus böse, nervig, doof, ...

Hinter dieser Annahme steckt der Glaube, dass ein Kollege oder eine Kollegin sich morgens beim Frühstück vornimmt: »Heute bin ich mal so richtig böse zu Herrn Meier!« oder »Ich werde mich einfach mal dumm anstellen und den Kollegen das Leben so richtig schwer machen!«. In extremen Ausnahmefällen mag das vielleicht so sein, meistens jedoch nicht. Zum Verständnis ein Blick zur Schauspielkunst: Wenn ein Darsteller einen Verbrecher spielen soll, dann wird ein guter Schauspieler während der Szene nicht die ganze Zeit denken: »Uiii, bin ich böse! Ich bin ja so bööööseeee!«. Täte er das, dann würde es nicht echt wirken, sondern eher peinlich, wie die Laiendarsteller in den Nachmittagsserien. Wenn ein Schauspieler einen Bösewicht verkörpert, dann überlegt er sich eine fiktive Lebensgeschichte, die erklärt, warum dieser Charakter sich so verhält. Vielleicht wurde er als Kind unterdrückt und will sich deshalb jetzt als Erwachsener freikämpfen. Oder ihm wurde immer gesagt, dass er zu dumm sei, um es zu Reichtum zu bringen, und deshalb bricht er jetzt in Wohnungen ein, um an Geld zu kommen und allen zu beweisen, dass er doch etwas auf dem Kasten hat. Dies alles sind Motive, die zu einem Verhalten führen, das wir dann zum Beispiel als »böse« bezeichnen. Genauso haben auch Ihre Kollegen für sich plausible Motive, warum sie sich so verhalten, wie sie es tun. Eine Kollegin, die Ihnen ständig erzählt, was sie am Wochenende und in ihrer Freizeit erlebt hat, empfinden Sie womöglich als nervig. Das Motiv der Dame ist aber nicht, Sie zu nerven; möglicherweise sind ihr einfach Nähe und Gemeinschaft wichtig. Der Vorgesetzte, der Sie bittet, für jeden kleinsten Vorgang eine Exceltabelle anzulegen oder ein Protokoll zu verfassen, tut dies (sehr wahrscheinlich) nicht, um Sie zu ärgern, sondern weil ihm Struktur wichtig ist. Entweder weil er das so gelernt hat, oder weil ihm in der Vergangenheit durch fehlende Struktur ein großer Fehler unterlaufen ist und er nun verhindern möchte, dass sich das wiederholt. Sobald wir aufhören, das Verhalten von Kollegen negativ zu bewerten und uns auf diese Weise von ihnen abzuwenden, sondern stattdessen versuchen zu verstehen, warum er oder sie sich so verhält, ist der erste Schritt zu angenehmer Zusammenarbeit getan. Wie genau das funktioniert, erfahren Sie ebenfalls im dritten Teil des Buches.

An diesen Sätzen erkennen Sie, dass Sie oder andere der Fehlannahme #3 aufsitzen:
> »Die X ist schon wieder so zickig, faul, arrogant, …«
> »Der Y ist immer so pingelig, traumtänzerisch, geschwätzig, …«
> »Der Z hat mal wieder seine fünf Minuten!«
> …

Fehlannahme #4: Der Kollege muss sich ändern.

Wir sind sehr schnell dabei, mit dem Finger auf andere zu zeigen, wenn uns etwas nicht passt: »Der Schulz sollte mal an seinen Umgangsformen arbeiten!«, »Wenn die Müller wenigstens ein bisschen schneller wäre, dann wären wir erfolgreicher!« oder »Der Meyer könnte mal etwas lockerer werden – sagen die Kollegen aus dem Marketing auch!«

Hinter diesen Vorwürfen verbirgt sich zum einen die Annahme, dass wir die absolut richtige Sicht auf die Dinge haben und es besser machen oder zumindest besser wissen als der Kollege. Zum anderen glauben wir, dass wir selbst nichts an der Situation ändern können. Das obliegt mal schön dem Kollegen, wir können nur mahnen und ermutigen. Solange wir so denken, behindern wir jegliche Annäherung an den Kollegen. Wir geben die Verantwortung für den aktuellen Zustand ab und fühlen uns vielleicht sogar als Opfer der Umstände. Sobald wir uns aber bewusst machen, dass wir *immer* einen Einfluss darauf haben, dass sich eine Situation ändert, wird dies dazu führen, dass wir leichter und mit mehr Freude mit den Kollegen zusammenarbeiten. Sie ahnen es vielleicht: Wie Sie in Zukunft Ihre Einflussmöglichkeiten besser nutzen können, erfahren Sie auch im nächsten Teil.

An diesen Sätzen erkennen Sie, dass Sie oder andere der Fehlannahme #4 aufsitzen:

»Die X müsste mal …«

»Wenn der Y mehr/weniger … dann …«

»Der/Die versteht einfach nicht …«

…

Nun liegt die Entscheidung bei Ihnen, ob Sie die Zusammenarbeit in Zukunft leichter nehmen und auf die Kollegen zugehen möchten oder ob Sie nun lieber erst recht besonders harte Geschütze auffahren, um die Kollegen in Schach zu halten. Egal in welche Richtung Sie tendieren, ich werde Sie im nächsten Teil mit den entsprechenden Methoden unterstützen.

TEIL 3
Ihre Entscheidung: Kämpfen oder Spielen

Welchen Weg wählen Sie?

Es liegt in Ihrer Hand: Möchten Sie mit Ihren Kollegen eine Beziehungskultur aufbauen, in der Menschen zusammen all das entdecken, was gemeinsam geht, oder möchten Sie eine Kultur pflegen, in der man sich gegenseitig beweist, was alles nicht geht?

Eine Seminarteilnehmerin sagte einmal zu mir: »Das, was Sie da vermitteln, ergibt alles Sinn für mich und ist sicher auch praxistauglich. Es gäbe einiges, was ich anwenden könnte, um besser mit meinen Kollegen auszukommen. Aber wissen Sie, ich habe nur noch zwei Jahre bis zur Rente, bis dahin möchte ich eine ruhige Zeit haben und nichts ändern.«

Das ist eine klare Haltung. Wenn Sie Gründe dafür haben, nicht an einer besseren Beziehung zu den Kollegen zu arbeiten, dann ist es Ihr gutes Recht, alles beim Alten zu lassen. Wenn Sie es für sinnvoller erachten, sich über die Kollegen zu ärgern, sie vielleicht zu ignorieren, zu belehren, es besser zu wissen als sie, sich auf Kosten der anderen zu erhöhen oder andere abzuwerten, dann bleiben Sie dabei. Dieses Vorgehen spart in jedem Fall Energie – zumindest kurzfristig. Angespannte Stimmung, aufreibende Situationen und ungenutztes Potenzial des Teams sind zwar Nebenwirkungen, aber die kennen Sie ja schon. Warum also Gewohnheiten verändern?

Gemeinsam spielerisch arbeiten oder gegeneinander kämpfend den Job bestreiten – jeder von uns ist in der Lage, beide Wege zu gehen. Das hat nichts mit Talent oder Begabung zu tun, nur mit Bereitschaft und im besten Fall mit Neugier.

Wenn Sie an Ihren Fähigkeiten arbeiten möchten, Schlachten gegen die Kollegen zu schlagen und sie nachhaltiger zu bekämpfen, dann blättern Sie einfach um.

Sollten Sie dagegen lernen wollen, wie Sie auf eine leichte, spielerische Art gemeinsam mit Ihren Kollegen mehr erreichen, dann springen Sie jetzt direkt zu dem Teil »Das WOW!-Prinzip: So erreichen Sie mehr zusammen mit den Kollegen«.

Das AUA!-Prinzip: So kämpfen Sie professioneller gegen die Kollegen

Warnhinweis
Die folgenden Seiten enthalten Ironie und Sarkasmus in hohen Dosen.

Kurz und schmerzlos

Jetzt, wo wir unter uns sind, kann ich ja ganz offen schreiben: Was soll das ganze weichgespülte Psychogelaber von »miteinander spielerisch arbeiten« und »es existieren keine allgemeingültigen Normen«? Es gibt nun mal Kollegen, die einfach nicht verstanden haben, wie man richtig arbeitet, und diesen nervigen Zeitgenossen muss man mal ordentlich eins vor den Bug geben, um sie einzuorden. Bei der Arbeit geht es schließlich nicht darum, Freunde zu finden, sondern darum, professionell seinen Job zu machen, das Unternehmen nach vorne zu bringen, möglichst viel zu bewegen und die eigene Karriere zu pushen. Mitarbeiter sind Hilfsmittel, genauso wie Computer, Drucker, Maschinen und so weiter. Die haben einfach nur ihre Arbeit zu erledigen, dafür werden sie schließlich bezahlt. Ist doch so, oder?

Die beste Strategie, um widerspenstige Kollegen auf Spur bringen, ist das »AUA!-Prinzip«. Die Abkürzung steht für die drei folgenden Wirkfaktoren:

Aggression
Unterdrückung
Arroganz

Für die fachgerechte Umsetzung des »AUA!-Prinzips« bekommen Sie gleich Tipps und Tricks von mir, die schnell Wirkung zeigen. Wir haben schließlich keine Zeit, uns mühsam mit diesen Nichtsblickern auseinanderzusetzen. Ist doch nicht unser Problem, was die in ihrer Kindheit erlebt haben und was die glauben, wie man zusammenarbeiten sollte. Ich habe das Wichtigste für Sie kompakt auf den nächsten Seiten zusammengefasst. Den Rest des Buches können Sie getrost vergessen, der ist nur was für Menschen, die der wahnwitzigen Idee anhängen, dass man sich für andere ernsthaft interessieren sollte, um gemeinsam mehr zu erreichen.

Zehn Wege, um nervige Kollegen schnell in den Griff zu bekommen

Sie wollen schnell ans Ziel und haben keine Zeit, sich mit anstrengenden Kollegen auseinanderzusetzen? – Das ist genau die richtige Einstellung! Hier für Sie meine Top 10 der besten Strategien, um sich knallhart durchzusetzen:

1. Unterstützen Sie nur Gleichdenkende!

Wer anders denkt als Sie, der steht Ihnen nur im Weg. Sie haben genug Lebenserfahrung, um zu wissen, was funktioniert und was nicht und wie man zu arbeiten hat, um erfolgreich zu sein. Deshalb umgeben Sie sich möglichst nur mit Kollegen, die ähnliche Ansätze wie Sie selbst verfolgen und mit denen Sie sich blind verstehen. Das spart Zeit und Nerven. Verplempern Sie keine Energie damit, sich mit anderen Denkrichtungen und Philosophien zu befassen, die von diesen schrägen, nervigen Menschen stammen, die dummerweise im selben Unternehmen wie Sie beschäftigt sind. Verbringen Sie möglichst wenig Zeit mit Andersdenkenden, denn sonst könnte deren ungesundes Gedankengut auf Sie abfärben. Wenn Sie Führungsverantwortung haben, dann fördern Sie nur Gleichgesinnte. Die anderen ignorieren Sie wahlweise oder kritisieren intensiv jedes Verhalten, das nicht zu 100 Prozent Ihrer Norm entspricht.

2. Zeigen Sie Dominanz!

Wenn die speziellen Kollegen immer wieder aus der Reihe tanzen, dann begegnen Sie ihnen mit möglichst großer Dominanz. Zeigen Sie, wer der Platzhirsch ist! Lassen Sie die Nervtöter auf keinen Fall zu Wort kommen mit ihren kruden Ideen, unterbrechen Sie sie so oft wie möglich. Sprechen Sie laut und hören Sie, wenn überhaupt, nur mit halbem Ohr zu. Nehmen Sie möglichst viel Raum ein, sowohl was Redezeiten betrifft als auch Platz. Sitzen und stehen Sie immer breitbeinig. Im Stehen stützen Sie die Arme rechts und links in die Hüften, im Sitzen legen Sie Ihre Arme auf den Rückenlehnen der Stühle rechts und links von sich ab – ganz gleich, ob dort jemand sitzt oder nicht. So markieren Sie Ihr Revier und machen gleich klar, wer hier das Sagen hat.

3. Nutzen Sie Schwächen!

Wer anders tickt als Sie, hat auf Dauer sowieso keine Überlebenschance im Unternehmen, da er oder sie die Arbeitsrealität nicht erkannt hat. Erlösen Sie die Armen von ihrem Leiden, indem Sie die vorhandenen Schwächen nutzen. Ist ein Kollege besser in strukturiertem Denken als in kreativen Prozessen, dann geben Sie ihm möglichst häufig Aufgaben, bei denen viel Neues entwickelt werden muss, oder bitten Sie ihn dabei um Unterstützung. Eine Kollegin, die unsicher ist, lassen Sie möglichst oft Präsentationen halten und sollte am besten immer erst kurz vorher erfahren, dass sie einspringen muss. Wichtig: Wenn die Betreffenden dann an den Aufgaben scheitern, treten Sie immer direkt nach, machen Sie sich lustig, erzählen Sie möglichst vielen Kollegen von dem erneuten Versagen und informieren Sie vor allem auch den Chef. Für diese strategischen Gespräche mit der Führungskraft des Schwächlings hat sich als Einstieg der Satz bewährt: »Mal ganz im Vertrauen, da ich Sie sehr schätze und wir beide ja das Unternehmen nach vorne bringen wollen: Ich mache mir Sorgen um Kollege X. Was der heute wieder für eine Nummer gebracht hat. Meinen Sie, der ist auf Dauer für die Firma noch tragbar?«

4. Sitzen Sie Konflikte aus!

Wenn weder Dominanz noch das Ausnutzen von Schwächen die »lieben Kollegen« dazu gebracht haben, ihr Verhalten zu ändern oder das Unternehmen zu verlassen, dann hilft nur noch eines: Aussitzen. Jegliche Meinungsverschiedenheiten sollten Sie einfach ignorieren. Antworten Sie nicht auf Mails, in denen um Ihre Stellungnahme oder ein klärendes Gespräch gebeten wird. Sollte in Sitzungen einer dieser nervigen Kollegen auf Sie losgehen, reagieren Sie einfach nicht, egal was er oder sie anstellt, um Sie zu einer Auseinandersetzung zu bewegen: Schimpftiraden, Drohungen, körperliche Gewalt, Versprechungen, Ohnmachtsanfälle – Sie bleiben cool. Wenn Sie besonders professionell sein wollen, dann begegnen Sie solchen Situationen mit einem süffisanten Lächeln, um dann kommentarlos das Thema zu wechseln.

5. Studieren Sie Ihre Feinde!

Je besser Sie Ihre Widersacher im Büro kennen, desto besser können Sie sie manipulieren! Um Zeit zu sparen und nicht zu engem Kontakt ausgesetzt zu sein, führen Sie auf keinen Fall persönliche Gespräche, sondern verlassen Sie sich auf Persönlichkeitstests, die es zuhauf auf dem Markt gibt. Dafür müssen Sie einfach einen Fragebogen zu den Eigenschaften und Verhaltensweisen der unliebsamen Kollegen ausfüllen, und schon erhalten Sie gegen eine kleine Bearbeitungsgebühr eine Analyse, mit was für einem Typ Mensch Sie es zu tun haben und wie Sie ihn beeinflussen können. Dazu wird die Person durch die Auswertungssysteme einfach in psychologische Kategorien einsortiert wie »Die Roten«, »Die Gelben«, »Die Grünen« und »Die Blauen« oder irgendwelchen Tierarten symbolisch zugeordnet. Diese einfachen Schubladensysteme machen es leicht, Strategien zu entwickeln, da Sie zu jeder Sparte neben der Interpretation gleich auch Verhaltenstipps geliefert bekommen. Wenn Sie einen Kollegen einmal so eingeordnet haben, dann brauchen Sie sich nie wieder Gedanken über dessen Persönlichkeit zu machen: Einmal in der Schublade – immer in der Schublade, so einfach ist das. Hören Sie nicht auf die Experten, die behaupten, dass wir Menschen komplexere Charaktere haben, die sich nicht in nur vier unterschiedliche Kästchen zwängen lassen, und dass wir Menschen uns in verschiedenen Situationen variabel verhalten. Diese Fachleute sind einfach nur neidisch, weil nicht sie es waren, die diese geniale Geschäftsidee mit den Persönlichkeitstests hatten.

6. Fragen Sie niemals nach der Sichtweise der anderen!

»Wer fragt, verliert!« ist die Devise im täglichen Kampf mit den unfähigen Kollegen. Wenn Sie fragen, dann wird das vom anderen als Unsicherheit interpretiert oder – noch schlimmer – als Interesse! In der Folge wird er Sie für schwach halten oder Ihnen eine Frikadelle ans Ohr labern, womöglich sogar Ihre Nähe suchen. Alles, nur das nicht! Dafür haben Sie nun wirklich keine Zeit! Deshalb nie fragen, immer interpretieren. Wenn der Kollege zu spät kommt, brauchen Sie sich nicht nach den Gründen zu erkundigen. Durch Ihre fundierte Menschenkenntnis wissen Sie auch so, was Sache ist. Schließlich sind Sie nicht erst seit gestern auf der Welt. Der ist bestimmt zu spät, weil er den Job nicht ernst nimmt, wieder versumpft ist oder die Uhr nicht lesen kann. Andere Gründe für das Fehlverhalten kann es nicht geben. Und fragen Sie die nervigen Kollegen bloß nie nach deren Meinung zu einem aktuellen Projekt oder Ähnlichem, die haben doch eh keine Ahnung!

7. Geben Sie auf keinen Fall zu viel von sich preis!

Wenn die lästigen Kollegen mehr als nötig über Sie wissen, dann machen Sie sich berechenbar und verletzlich. Deshalb: Pokerface und volle Selbstkontrolle! Schaffen Sie eine Kunstfigur, spielen Sie den perfekten, unantastbaren Mitarbeiter. Reden Sie nie, wirklich NIE über Ihre Schwächen, Zweifel oder Unsicherheiten. Das ist der Anfang vom Ende.

Überlegen Sie sich besser immer ganz genau, was Sie sagen. Wählen Sie Ihre Worte mit Bedacht, auch wenn Gespräche dadurch hölzern wirken und ins Stocken geraten. Seien Sie präzise in Ihrem Ausdruck, um das Bild aufrechtzuerhalten, das Sie von sich vermitteln möchten. Und reden Sie bloß nicht über Gefühle, sondern bleiben Sie immer sachlich. Schließlich sind wir zu 100 Prozent rationale Wesen, die sehr gut ohne Gefühle agieren können – wir leben schließlich im 21. Jahrhundert. Lassen Sie auch in keinem Fall Ihre natürliche, authentische Körpersprache zu. Studieren Sie Gesten ein, die Stärke ausdrücken, und benutzen Sie diese von nun an immer, egal wie es Ihnen wirklich geht und über welches Thema Sie sprechen. Und lassen Sie sich bloß nicht einreden, dass diese sich ständig wiederholenden Gesten monoton und unnatürlich wirken – sie sind ein Zeichen von Klarheit und Macht!

8. Lernen und nutzen Sie Standardsätze!

Spontane Formulierungen bergen das Risiko, nicht die perfekte Wirkung zu erzielen, und kosten außerdem eine gewisse geistige Anstrengung. Machen Sie es sich leicht und verwenden Sie anstelle dessen bewährte Wendungen, um die unfähigen Kollegen in die Schranken zu weisen. Es ist zudem vollkommen überflüssig, sich mit den konkreten Umständen auseinanderzusetzen. Standardphrasen reichen vollkommen! Hier die wichtigsten Repliken, mit denen Sie klare Verhältnisse schaffen:

»Sie sehen das falsch.«

»Davon verstehen Sie nichts!«

»Wann übernehmen Sie endlich mal die Verantwortung für Ihr Handeln?«

»Das gehört nicht zu Ihrem Kompetenzbereich!«

»Was Sie sagen, ist vollkommen realitätsfremd!«

»Machen Sie sich doch nicht lächerlich!«

»Das ist wieder mal typisch für Sie!«

»Selbst Sie sollten wissen, dass …«

»Durch Ihren Kommentar haben Sie sich gerade selbst ins Aus geschossen!«

»Sie müssen noch viel lernen!«

»Wenn Sie ein halbwegs intelligenter Mensch sind, dann ...«

»Haben Sie überhaupt einen Schulabschluss?«

9. Wiegen Sie die Feinde in Sicherheit!

Wenn die durchgeknallten Kollegen glauben, Sie zum Freund zu haben, dann werden sie unaufmerksamer, und es wird Ihnen leichter fallen, die Nervensägen zu Ihrem Vorteil zu beeinflussen. Um das zu erreichen, genügt ein einfacher Trick: heucheln Sie Harmonie. Lächeln Sie zum Beispiel gespielt nett, wenn der faule Meier wieder mal einen blöden Witz macht oder die geschwätzige Schmidt die Fotos ihrer letzten Billigkreuzfahrt zeigt. Um vertrauenserweckend zu wirken, stellen Sie sich einfach vor, Sie hätten es mit schwachsinnigen Kindern zu tun, die nichts dafür können, dass sie so dumm sind. Oder imitieren Sie das Verhalten eines beliebigen Volksmusikanten – das Ergebnis ist dasselbe: Die naiven Kollegen werden Ihnen aus der Hand fressen und alles tun, um Ihre vermeintliche Zuneigung nicht zu verlieren. Wenn sich einer von denen in Zukunft sträubt, das zu tun, was Sie von ihm oder ihr erwarten, dann sagen Sie einfach mit bitterem Unterton: »Ich dachte, wir wären Freunde!«, »Nach all dem, was ich für Sie getan habe ...« oder »Ich dachte, ich könnte mich auf dich verlassen!«

10. Zeigen Sie auf, dass Sie das Opfer sind!

Es sind ja vor allem immer die besonders unterbelichteten Kollegen, die glauben, im Recht zu sein und von der Welt nicht verstanden zu werden. In Wahrheit sind jedoch Sie selbst das Opfer, weil Sie der Einzige mit dem echten Durchblick im Unternehmen sind. Sie investieren Tag für Tag Energie und versuchen die Firma nach vorne zu bringen, und als Dank werden Sie von unfähigen, nervige Kollegen umzingelt, die ihnen debil grinsend im Weg stehen. Wenn sich jemand über die unzumutbaren Arbeitsumstände beschweren dürfte, dann Sie! Bisher haben Sie die Zähne zusammengebissen und schweigend den Missstand ertragen. Das muss nicht sein! Sie haben das Recht, endlich als Opfer anerkannt zu werden. Wenn Sie in Zukunft für Ihre Arbeit kritisiert werden, gleichgültig ob vom Chef, den Kollegen oder den Kunden, dann übernehmen Sie nicht mehr die Verantwortung für Ihr Handeln! Auch wenn es Ihnen nicht sofort auf den ersten Blick auffällt: Es sind IMMER die Kollegen daran schuld, dass Sie Ihren Job nicht anständig machen konnten. Manchmal muss man um zwei Ecken denken, um den raffinierten Biestern auf die Schliche zu kommen. Sie müssen nur lang genug suchen, um den Hinterhalt aufzudecken. Wenn Sie die üblen Machenschaften der Kollegen enthüllen, die die Ursache für Ihre unzureichenden Arbeitsergebnisse sind, dann kann es sein, dass Ihr Umfeld diese abtut mit: »Das sind doch nur Ausreden!« Lassen Sie sich davon auf keinen Fall beirren, das gehört alles zu der miesen Verschwörung. Machen Sie sich immer wieder bewusst: Sie machen grundsätzlich alles richtig, deshalb kann die Ursache für Fehler gar nicht bei Ihnen liegen!

Im Ernst?

Vielleicht fragen Sie sich gerade trotz des vorangegangenen Warnhinweises, ob ich die 10 Tipps ernst meine und Sie Ihre Kollegen wirklich so behandeln sollten. Nein! Wenn Sie schnell Ihren Kopf durchsetzen wollen, dann sind diese Ansätze sicher gangbare Möglichkeiten. Nachhaltig ist solch ein Verhalten allerdings nicht, da Sie damit für noch mehr Distanz und Widerstand sorgen. Ein schneller Sieg auf Kosten von Vertrauen und Beziehung verschlimmert das Arbeitsklima und verhindert auf Dauer die Unterstützung durch die Kollegen.

Ab der nächsten Seite erfahren Sie, welche Wege ich wirklich als richtig, zeitgemäß und vor allem nachhaltig empfinde, um ein besseres Arbeitsklima zu erzeugen.

Das WOW!-Prinzip: So erreichen Sie mehr zusammen mit den Kollegen

Die Grundlagen

Begeisterung für ein gemeinsames Miteinander anstelle von Hass und Wut auf die Kollegen – das ist aus meiner Sicht die richtige Haltung in der heutigen Arbeitswelt. Zusammen Spaß haben und viel erreichen, statt alleine die Messer zu wetzen und sich vom anderen blockiert zu fühlen. Um dieses positive Mindset zu erreichen, habe ich basierend auf meinen Erfahrungen aus Hunderten von Coachings und unzähligen Seminaren mit Führungskräften und Mitarbeitern das folgende Prinzip entwickelt:

Es handelt sich dabei um eine Philosophie, eine innere Haltung, die Ihnen die Zusammenarbeit mit herausfordernden Kollegen erleichtert. Sie ist der Kern dieses Buches.

Das Akronym steht für die drei Grundpfeiler des »WOW!-Prinzips:

Wahrnehmung

Oft nervt uns ein Kollege, ohne dass wir wirklich erklären können, was genau uns auf die Palme bringt. Deshalb ist die

Wahrnehmung dessen, was in uns vorgeht, ein sinnvoller Ausgangspunkt. Je klarer Ihnen ist, wie Sie ticken, was Ihre unbewussten Spielregeln sind und warum Sie das Verhalten eines Kollegen ärgert, desto größer wird Ihr Selbstbewusstsein. Aus dem diffusen Magengrummeln im Umgang mit gewissen Bürogenossen wird eine rational erklärbare Reaktion. Das ist eine solide Grundlage für klärende Gespräche.

Offenheit

Dank Ihrer vorangegangenen Selbstreflexion, siehe »W wie Wahrnehmung«, wird es Ihnen leichter fallen, sich Ihrem Kollegen gegenüber zu öffnen und ihn in Ihre Karten schauen zu lassen. Das schafft nicht nur mehr Verständnis, sondern fördert auch das Vertrauen. Wenn Sie dann auch noch offen sind für die Sichtweise Ihres Gegenübers, den Sie als so anstrengend oder unfähig empfinden, dann sinkt dessen Widerstand Ihnen gegenüber noch weiter. Die Chancen steigen, dass Ihre Zusammenarbeit nicht länger furchtbar ist, sondern fruchtbar wird.

Wertschätzung

Wenn Sie die beiden ersten Punkte befolgen, dann legen Sie ein solides Fundament, um mit anderen Menschen in guten Kontakt zu kommen. Echte Zusammenarbeit mit einer spielerischen Leichtigkeit kann aber erst dann entstehen, wenn Sie gerade die Unterschiede, die sich durch die gegenseitige Wahrnehmung und Offenheit zeigen, nicht nur respektieren, sondern auch schätzen. Dadurch können Sie gemeinsam neue Spielregeln entwickeln, mit denen sich beide Seiten wohlfühlen und die zur einer entspannten Zusammenarbeit führen.

Je öfter Sie WOW!-Momente schaffen, indem Sie die drei Grundpfeiler des »WOW!-Prinzips« beachten, desto größer wird die Leichtigkeit, mit der sich auch in herausfordernden Situationen miteinander umgehen lässt, und desto besser sind die Voraussetzungen, um gemeinsam einen Weg der friedlichen und produktiven Zusammenarbeit zu entwickeln.

Als Erstes möchte ich Ihnen ausführlich die grundlegende Philosophie vermitteln, die hinter dem »WOW!-Prinzip« steckt. Später gebe ich Ihnen dann Beispiele für die Anwendung des vermittelten Mindsets in der alltäglichen Zusammenarbeit: bei der Klärung von Konflikten, bei Meetings, in Verhandlungen, in der Führung et cetera.

Wahrnehmung

Der erste Grundpfeiler des »WOW!-Prinzips«

> Welche Vorteile es hat, sich selber besser zu verstehen
> Wie Sie sich Ihre unbewussten Spielregeln bewusst machen
> Worum es wirklich beim Zusammenspiel mit den Kollegen geht
> Welche Rolle Emotionen im Arbeitsleben spielen

Unbewusstes bewusst machen

Wenn uns ein Kollege so richtig nervt, dann fahren wir die Stacheln aus:

»Dieser Vollpfosten, der kriegt auch nichts auf die Kette! Der ist so lahm, dem kannst du im Gehen die Schuhe neu besohlen.«

»Hast du gesehen, was die Müller sich wieder geleistet hat? Als der liebe Gott das Gehirn verteilt hat, hat die sicher gesagt, ›Für mich nur die Hälfte, ich will abnehmen!‹«

Würde man uns fragen, was genau uns ärgert, könnten wir das oft gar nicht erklären. Wir eiern herum, ohne den Kern benennen zu können. Ein typischer Dialog:

»Der Chef war heute wieder so doof!«

»Was hat er denn gemacht?«

»Sich total daneben benommen!«

»Inwiefern?«

»Du kennst ihn doch!«

Ah ja ... Alles klar! Hätten Sie jetzt eine Idee, was den Sprecher am Chef stört? Also ich nicht.

Wie soll uns unser Gegenüber verstehen, wenn wir es selbst noch nicht mal tun

Der erste Schritt, die Menschen um Sie herum zu »entnerven«, ist eine Analyse dessen, was genau Sie an ihnen stört. Solange wir nicht klar formulieren können, was uns am Verhalten des Kollegen konkret auf den Keks geht und, vor allem, warum es das tut, wird es für den anderen schwer, es uns recht zu machen.

Vielleicht regt sich jetzt gerade eine Stimme in Ihnen, die sagt: »Was soll ich denn da noch analysieren? Der Meier ist ein Vollpfosten und die Schulze ist 'ne alte Schnepfe – ist doch eindeutig. Und außerdem will ich meine Ruhe vor den Trantüten haben und mich nicht noch intensiv mit ihnen befassen. Dafür habe ich keine Zeit!«

Und genau da liegt der Schlüssel! Aus Stress und Ärger über die anderen schauen wir nicht genau hin. »Der Unkelbach ist halt so! Das wird sich nie ändern!«, denken wir und holen uns für diese Haltung vielleicht noch Rückendeckung bei unseren Verbündeten, die das ganz genauso sehen. Kurzfristig spart das Zeit, mittelfristig frisst es aber Zeit und Energie, da die Konflikte sich nicht von alleine lösen. Erst wenn Sie anfangen hinzuschauen...und ich meine, WIRKLICH hinzuschauen, kann sich etwas verändern. Es sei denn, eine Kündigung oder Versetzung des Kollegen erlöst Sie von dem Leid oder Sie gewinnen im Lotto und können dem Irrenhaus, in dem Sie arbeiten, den Rücken kehren. Sie würden es vielleicht sogar als Erleichterung ansehen, wenn es der Kollege wäre, der im Lotto gewinnt und dann den Abgang macht. Manche Bürogenossen sind so lästig, dass kein Preis zu hoch ist, um sie loszuwerden.

Wenn also kein Wunder geschieht, wird sich nichts an der Situation ändern. Je besser Sie verstehen, warum dieser Mensch, der Ihnen das Leben so schwer macht, für Sie überhaupt ein Super-GAU ist (Grauenhaftester Arbeitskollege des Universums), desto mehr Möglichkeiten haben Sie, etwas daran zu ändern.

Und was glauben Sie, auf wen Sie für den Anfang am besten Ihre Analyselupe richten sollten?

A) Auf den nervigen Kollegen
B) Auf sich selbst
C) Auf günstige Auftragskiller

In meinen Augen ist B) die sinnvollste Antwort. Warum? Das erfahren Sie auf den folgenden Seiten.

Was sind Ihre Spielregeln?

Dass uns ein Kollege oder eine Kollegin nervt, liegt ganz einfach darin begründet, dass er oder sie andere Spielregeln hat als wir – wenn Sie dieses Buch von Anfang an gelesen haben, ist Ihnen das inzwischen nicht mehr neu. Dummerweise sind uns die genauen Details, die die enervierenden Unterschiede ausmachen, selten bewusst. Wir haben so eine Ahnung, dass die Chemie mit diesem einen Kollegen einfach nicht stimmt, wir keinen Draht zur Petra aus der Dispo bekommen oder der Dr. Versch irgendwie komisch ist. Das ist so ein diffuses Gefühl, vielleicht können wir auch noch ein bis 99 Beispiele für das schreckliche Verhalten des »Collegius nervicus« nennen – das war es dann aber auch schon.

Alles, was uns bewusst ist, können wir beeinflussen

Solange Sie die schlechten Beziehungen im grauen Nebel des Arbeitshorrors belassen, finden Sie keine Ansatzpunkte, um etwas daran zu ändern, fühlen sich vielleicht sogar machtlos. Sobald Sie genauer hinschauen, werden Sie besser wahrnehmen, was die Ursachen sind, und dadurch Stellschrauben entdecken, die Ihnen ermöglichen, positiven Einfluss auf Ihr Verhältnis zu den »besonderen Kollegen« zu nehmen. Gleichzeitig steigt im wahrsten Sinne des Wortes Ihr Selbstbewusstsein, da Sie sich bewusster werden, was hier eigentlich gespielt wird – oder eben nicht gespielt wird.

Um die Unterschiede herauszufinden, die die Ursache Ihrer Differenzen mit den anderen sind, braucht es zunächst eine Definition Ihrer eigenen Spielregeln. Könnten Sie diese ad hoc niederschreiben? Aus meiner Erfahrung wird das auf Anhieb nur zum Teil gelingen. Doch je klarer Sie Ihre eigenen, mitunter unbewussten Regeln kennen, desto besser können Sie sie später mit den Spielregeln der Kollegen vergleichen und desto nachvollziehbarer können Sie kommunizieren, was Sie für eine entspanntere Zusammenarbeit benötigen. Die Klarheit über die eigenen Spielregeln ist übrigens auch ein entscheidender Faktor in der Führung. Wenn Sie Ihren Mitarbeitern transparent machen können, wonach Sie deren Arbeit (unbewusst) bewerten, dann erleichtert das Ihrem Team das Leben, weil es genau weiß, warum Sie als Chef oder Chefin so oder so reagieren. Gleichzeitig profitieren auch Sie als Führungskraft davon, da Ihre Mitarbeiter viel eigenständiger ans Werk gehen können und nicht so viele Rückfragen oder Korrekturprozesse nötig sind.

Notieren Sie bitte jetzt die Spielregeln, die für Sie bei der Arbeit gelten. Um Ihnen die Zusammenstellung zu erleichtern, folgen gleich einige Leitfragen. Seien Sie bitte bei der Beantwortung so konkret wie möglich. Damit meine ich, dass die Dinge, die Sie aufschreiben, so verständlich sein sollten, dass sogar ein Außenstehender oder Fachfremder sie nachvollziehen kann. Genau diese Klarheit ist es, die den Unterschied macht.

Dazu ein Beispiel aus meiner Coachingpraxis: Einer meiner Klienten ist Leiter einer IT-Fachabteilung, die für den Konzern Datenbanken programmiert, pflegt und optimiert. Nennen wir ihn aus Datenschutzgründen Bernd Binär. Herr Binär kam zu mir, da sein Team seine Aufträge nicht so umsetzte, wie er das wollte. Er empfand seine Mitarbeiter als faul. In seinen Augen haben seine Mitarbeiter also seine »Spielregeln« nicht befolgt. Ich fragte ihn, wie denn für ihn eine gute Datenbank-Programmierung aussehen würde. Er sagte, dass sie einfach richtig erstellt sein müsste. Diese Antwort war mir nicht konkret genug, also fragte ich nach, was genau er mit »richtig« meinte. Daraus entspann sich folgender Dialog:

»Na ja, dass die Datenbanken professionell erstellt sind.«

»Und was genau meinen Sie mit professionell?«

»Dass die passenden Tools eingesetzt werden.«

»Und was sind in Ihren Augen die passenden Tools?«

»Na, das weiß man halt.«

»Und woher weiß man das?«

»Das ist so ein Gefühl!«

Wenn Sie Mitarbeiter oder Kollege von Herrn Binär wären, hätten Sie dann eine Ahnung, was genau er von Ihnen will? Wüssten Sie, welche Regeln man befolgen muss, um in seinen Augen richtig zu spielen? Also ich nicht. Es war ein längerer Coachingprozess und ein Workshop mit ihm und seinem Team nötig, um die Klarheit herauszuarbeiten, die es den Mitarbeitern ermöglichte zu verstehen, was Herr Binär von ihnen erwartete. Von da an lief vieles besser.

Gehen Sie also davon aus, dass die Dinge, die Ihnen und vielleicht einigen Kollegen, mit denen Sie gut auskommen, vollkommen klar sind, für andere zu diffus und missverständlich sind.

Hier sind die angekündigten Leitfragen, die Ihnen helfen werden, mehr Klarheit über Ihre eigenen Spielregeln zu gewinnen.

 **Übung »Meine Spielregeln«**
Fangen Sie einfach mit der Frage an, zu der Ihnen zuerst etwas einfällt. Lassen Sie sich Zeit und arbeiten Sie in Abständen immer wieder daran. Sie werden sehen, dass Ihnen beim Schreiben immer bewusster wird, wie für Sie »richtige«

Zusammenarbeit aussieht. Wenn Sie mögen, dann notieren Sie Ihre (Selbst-)Erkenntnisse in einem Notizbuch, das sich mit der Zeit langsam füllt und so nach und nach zu Ihrem persönlichen »Regelwerk« wird.

Bitte beantworten Sie die Fragen möglichst konkret und am besten mit plastischen Beispielen. Diese sind im weiteren Verlauf noch nützlich.

1. Was ist für Sie der Sinn von Arbeit?
2. Wofür bekommen Kollegen bei Ihnen Pluspunkte?
3. Wofür bekommen Kollegen bei Ihnen Minuspunkte?
4. Was muss man tun, um es sich mit Ihnen zu verspielen?
5. Wie sieht für Sie ein fairer Umgang miteinander aus?
6. Für welche Leistungen »verdient« man in Ihren Augen sein Gehalt?
7. Welche fachlichen Kompetenzen sollte ein Kollege, mit dem Sie gerne zusammenarbeiten, mindestens haben?
8. Welche persönlichen und sozialen Kompetenzen der Kollegen machen für Sie die Zusammenarbeit angenehm?
9. Was macht in Ihren Augen eine gute Beziehung zu Kollegen aus?
10. Wie sieht für Sie professionelle Zusammenarbeit aus?

 Diesen Fragebogen und andere Arbeitsmittel zum Buch können Sie übrigens auch kostenlos auf meiner Homepage herunterladen unter www.mathias-fischedick.de/kollegen

Die bewusste Wahrnehmung Ihrer (unbewussten) Regeln, kann Ihnen schon jetzt mehr Klarheit darüber bringen, warum gewisse Kollegen Sie nerven, denn diese werden mindestens eine Ihrer wichtigsten Spielregeln verletzt und dadurch Ihr Missfallen erregt haben. Dass Sie diesen »Regelverstoß«

nun genauer benennen können, ist ein erster Schritt zur Lösung.

Stellt sich noch die Frage, worum es eigentlich bei Ihrem persönlichen Spiel geht. Was ist der angestrebte Gewinn? Darum geht es im Folgenden.

Darum geht es wirklich bei unseren Spielen

Die lukrativsten Immobilien, das meiste Geld, das umfassendste Wissen, die kreativsten Ideen – darum geht es bei Brett- und Kartenspielen, an denen wir Freude haben. Auch im echten »Spiel des Lebens« geht es immer um irgendetwas: Macht, Reichtum, Status, Sicherheit, Freiheit und so weiter. Und auch hier gibt es Unterschiede, denn nicht jeder von uns strebt nach denselben Dingen, weder privat noch beruflich. Vielleicht denken Sie jetzt: »Hä? Wir gehen doch alle arbeiten, um Geld zu verdienen, also haben wir doch alle dasselbe Ziel.« Das stimmt, wir alle, mit Ausnahme einer verschwindend geringen Prozentzahl, tun das, was wir tun, um Geld zu verdienen. Dennoch hat jeder einen anderen Grund, warum er gerade den Job gewählt hat, in dem er tätig ist. Für den einen ist es wichtig, Karriere zu machen, immer höher zu steigen. Der andere mag seine Stelle, weil er sich dort kreativ entfalten kann. Dem Nächsten gefällt an seinem Job, dass er halbwegs sicher ist. Und so gibt es viele, sehr unterschiedliche Gründe für die jeweilige Berufswahl:

Der Arbeitsplatz bietet ...
... Kontinuität
oder
... Abwechslung
oder
... viel Kontakt mit Menschen
oder
... wenig Kontakt mit Menschen
oder
... Teamwork
oder
... Individualität

oder

... viel Reisetätigkeit

oder

... einen Heimarbeitsplatz

oder

... hohe Verantwortung

oder

... niedrige Selbstverantwortung

oder

...

Jedem von uns ist bei der Arbeit etwas anderes wichtig. In der Psychologie spricht man in diesem Zusammenhang von »Werten«.

Unsere Wertvorstellungen entstehen im Laufe unserer Kindheit, wir übernehmen sie von unseren Eltern und anderen Bezugspersonen in unserem Umfeld. Wir werden sozusagen darauf geeicht, was im Leben erstrebenswert ist und was nicht. In der Pubertät begehren wir dann auf und stellen die Werte der Altvordern infrage. Wer mit Heranwachsenden zu tun hat, wird bemerkt haben, dass sie alles doof finden, die Erwachsenen in ihren Augen keine Ahnung haben und man es ihnen als Eltern eh nicht recht machen kann. Das ist besonders hart, denn bis vor Kurzem war man für die Kleinen noch der »Superheld« und jetzt ist man einfach nur noch super peinlich. Auch wenn es für das Umfeld unangenehm sein kann, gehört diese Phase zu einer gesunden Entwicklung dazu. Der Schweizer Entwicklungspsychologe Jean Piaget formuliert es folgendermaßen: »Ein warmer, offener, gleichberechtigter Erziehungsstil ermöglicht dem Kind eine selbstständige und angstfreie Entwicklung der eigenen Moralität. Dem entgegen führt ein autoritärer Erziehungsstil lediglich zu einer an die Autoritäten angepassten Moralität, die inhaltsfrei ist und sich an der Vermeidung von Sanktionen und Normüberschreitungen ausrichtet.«

Je freier wir also als Jugendliche unsere eigene Moralvorstellung entwickeln dürfen, desto stabiler ist unser persönliches Wertesystem. Wir handeln dann aus Überzeugung und nicht aus reiner Nachahmung. Das gibt uns Sicherheit, da uns Entscheidungen leichter fallen. Wenn für Sie zum Beispiel »Freiheit« einen hohen Wert darstellt, dann müssen Sie nicht zweimal darüber nachdenken, ob Sie lieber die Festanstellung in der Meldestelle auf dem Amt annehmen oder bei einem Startup-Unternehmen als Konzeptentwickler anfangen – die Entscheidung ist klar.

Werte geben Sicherheit

Je stärker unsere persönlichen Werte im Job erfüllt sind, desto zufriedener sind wir. Je ähnlicher die Werte eines Kollegen sind, desto sympathischer ist er uns. Haben Kollegen komplett andere Werte als wir, entstehen sogenannte Wertekonflikte.

Ein Beispiel aus der Praxis: In einer meiner Seminarguppen hatte ich einmal einen Teilnehmer, der sehr leistungsorientiert war. Er trieb privat viel Sport und nahm unter anderem an »Tough Mudder«-Läufen teil. Das sind diese Rennen, in denen man dafür Startgebühr bezahlt, dass man in voller Montur durch Schlammgruben robben und über meterhohe Wände klettern darf, nur um auf der anderen Seite in Becken mit Eiswasser zu rutschen, über denen ein Netz aus Drähten gespannt ist, die unter Strom stehen. Und auch beruflich galt für ihn die Devise »höher, schneller, weiter«. Für ihn hatte man bei der Arbeit nur dann gewonnen, wenn man jeden Tag Überstunden machte, ständig an Innovationen und neuen Strukturen arbeitete und viel riskierte. Die wichtigsten Werte seines Kollegen waren dagegen »Kontinuität«, »Sicherheit« und »Ruhe«. Für ihn bedeutete ein erfolgreicher Arbeitstag, seine Tätigkeiten auf bewährte Art auszuführen und sich dabei Zeit zu lassen, um alles richtig zu machen. Sie können sich sicherlich vorstellen, dass diese beiden nicht die besten Freunde waren. Der eine beschimpfte den anderen als »langsamen Beamten, der verhindert, dass das Unternehmen sich weiterentwickelt«, und er selber bekam zu hören, er wäre ein »leichtsinniger Hitzkopf, der die Stabilität des Konzerns aufs Spiel setzt«. Und wer hatte recht? Beide! Jeder hatte aufgrund seiner persönlichen Entwicklung und Erfahrungen ein anderes Verständnis davon, worum es bei dem Spiel »Arbeit« geht. Beide hatten eine andere Währung, in der die »Gewinne« ausgezahlt wurden, und jeder konnte mit der Währung des anderen nichts anfangen, nach dem Motto: »Schau mal Kollege, ich habe heute 500 Innovations-Dollar erwirtschaftet!«

»Was soll denn das sein? Ich habe heute richtig was geschafft und 600 Sicherheits-Rubel erarbeitet!«

»Sicherheit-Rubel? Die braucht doch kein Mensch! Vollkommen wertlos! Investier mal in Innovations-Dollar!«

Wie zuvor erwähnt, geben uns Werte Sicherheit. Wir haben die Erfahrung gemacht, dass wir erfolgreich sind, wenn wir auf die eine oder andere Art bestimmten Werten folgen ... zumindest sichern wir damit unser »Überleben«. Nun stellen Sie sich vor, Sie haben einen Kollegen, dessen Werte den Ihren diametral entgegengesetzt sind, und dieser Bürogenosse möchte Sie mit aller Kraft davon überzeugen, dass seine Werte »die besseren« sind. Würden Sie freiwillig alle Ihre Moralvorstellungen, Verhaltensweisen und Erfahrungen über Bord werfen und ihm auf Knien danken, dass Sie nun endlich auf den »richtigen Weg« geführt wurden? Ich denke nicht. Wir neigen in so einem Fall eher dazu, dem andern klar machen zu wollen, dass es doch viel schlauer wäre, statt-dessen unseren Werten zu folgen.

Damit Sie diesem »Bekehrungsreflex« in Zukunft aus dem Weg gehen können, ist auch hier erst mal Selbstwahrneh-mung gefragt. Um mit den Kollegen, die so nerven, weil sie andere Wertegötter verehren als Sie selbst, leichter in einen Dialog treten zu können, sollten Sie sich klarmachen, was denn nun eigentlich Ihre eigenen Werte sind. Im nächsten Kapitel unterstütze ich Sie dazu mit speziellen Tools.

Worum spielen Sie?

Was ist Ihre Währung? Was sind die Werte, um die Sie jeden Tag »spielen«? Meiner Erfahrung nach werden Sie spontan vielleicht drei bis vier Ihrer Werte konkret benennen können – danach kommen die meisten ins Stocken. Um einen weiteren Schritt in Richtung Wertebewusstsein zu gehen, empfehle ich die folgende Selbstreflexion:

 **Selbstreflexion »Mein perfekter Arbeitstag«**
Nehmen Sie sich Zeit und schreiben Sie auf, wie Ihr perfekter Arbeitstag aussieht. Lassen Sie Ihrer Fantasie dabei freien Lauf. Es muss sich nicht um die Beschreibung eines Tages handeln, wie er tatsächlich schon einmal stattgefunden hat, sondern kann auch eine Vision sein, wie Ihre Arbeit in einer perfekten Welt aussehen würde. Beginnen Sie mit dem Klingeln Ihres Weckers und enden Sie mit dem Zubettgehen. Gehen Sie dabei möglichst ins Detail:

- Wann fangen Sie an zu arbeiten?
- Wie kommen Sie zur Arbeit? Wenn mit dem Auto: Um was für ein Modell handelt es sich?
- Was für Kleidung tragen Sie?
- Wo befindet sich Ihr Arbeitsplatz?
- Wie sieht Ihr Arbeitsplatz aus? Wie ist die Ausstattung?
- Was für Kollegen sind um Sie herum? Wie verhalten sie sich?
- Was für ein Typ Mensch ist Ihre Chefin beziehungsweise Ihr Chef? Wie werden Sie von ihr/ihm geführt?
- Was genau sind Ihre Aufgaben?
- Was müsste den Tag über geschehen, damit Sie mit einem vollkommen zufriedenen Gefühl Feierabend machen?
- Wann haben Sie Feierabend?

Et cetera

Ist es Ihnen leichtgefallen oder hatten Sie am Anfang Schwierigkeiten, loszulassen und tatsächlich das Bild eines idealen Tages zu entwickeln? Ich finde es immer wieder interessant, dass wir so im Alltagstrott verhaftet sind, dass uns oft gar nicht bewusst ist, was wir wirklich wollen.

Gleich wird es spannend, denn ich möchte Sie in einigen Minuten bitten, Ihre Beschreibung des idealen Tages zu analysieren, um herauszufinden, was diese über Ihre persönlichen Werte bei der Arbeit verrät. Typische Werte könnten zum Beispiel sein:

Abwechslung
Anerkennung
Ehrgeiz
Einfluss
Erfolg
Freiheit
Freude
Gerechtigkeit
Herausforderung
Hingabe
Kollegialität
Kreativität
Leistung
Offenheit
Sicherheit
Sinn
Status
Struktur
Vertrauen
Zuverlässigkeit

Im Anhang am Ende des Buches finden Sie eine umfangreiche Liste mit weiteren Werten.

Um es Ihnen leichter zu machen, hier ein paar Beispiele, wie so eine Werteanalyse aussehen könnte:

Eine Teilnehmerin eines meiner Seminare hat geschrieben:

»... Ich hätte viel Spaß mit den Kollegen, würde alle meine Aufgaben bis Feierabend gut schaffen, ohne Rückfragen stellen zu müssen, und hätte zwischendurch noch Zeit zum Kaffeetrinken ...«

Bei ihrer Analyse erkannte sie, dass unter anderem folgende Werte für sie besonders wichtig sind:

- Harmonie
- Leichtigkeit
- Sicherheit
- ...

Ein anderer Teilnehmer hatte in der Beschreibung seines perfekten Arbeitstages diesen Passus:

»... Ich würde ohne Stau zügig zu meinen Terminen kommen, alle Kunden würden etwas bestellen, und mein Chef würde mich abends anrufen und mich für die guten Umsätze loben ...«

Er ermittelte anschließend für sich selbst unter anderem diese Topwerte:

- Effizienz
- Leistung
- Anerkennung
- ...

Und noch ein Beispiel:

»…Alle wären pünktlich um acht Uhr zur Arbeit erschienen…über den Tag hätte ich drei neue Produktideen skizziert…die Kollegen hätten mich bei den Vorbereitungen für die Präsentation der Kennzahlen unterstützt…«

Die Selbstanalyse des Teilnehmers ergab unter anderem diese wichtigsten Werte:

- Zuverlässigkeit
- Kreativität
- Teamwork
- …

Das letzte Beispiel ist gut geeignet, um zu verstehen, dass nur wir selbst darüber entscheiden können, welche Werte sich hinter unseren Idealen verstecken. Vielleicht stünde der Teil »Alle wären um acht Uhr zur Arbeit erschienen« in Ihrer Interpretation nicht für »Zuverlässigkeit«, sondern für »Gewissenhaftigkeit«, »Pünktlichkeit«, »Effizienz« oder einen ganz anderen Wert. Es sind manchmal nur Nuancen, die über eine treffende Bezeichnung des Wertes entscheiden. Das fällt mir zum Beispiel immer wieder bei den Werten »Freiheit« und »Unabhängigkeit« auf. Für manche meiner Klienten meinen beide Begriffe im Grunde dasselbe, einige finden das eine Wort als Beschreibung eines ihrer wichtigsten Werte passend und das andere dagegen vollkommen daneben. Sobald ein Wort einen Ihrer Werte auf den Punkt bringt, spüren Sie das fast schon körperlich. Es ist ein Aha-Erlebnis, ein Gefühl von Erleichterung, das Gefühl, sich selbst besser zu verstehen. Diese Beschreibung klingt vielleicht im ersten Augenblick für Sie esoterisch – in dem Moment, in dem Sie es selbst erlebt haben, werden Sie nachvollziehen können, was ich meine. Wenn diese Aussicht auf »Erleuchtung« Sie jetzt nicht total neugierig darauf gemacht hat, Ihre Werte herauszufinden, dann weiß ich es auch nicht. Hier kommt die Anleitung:

Tool »Wertefilter«
Teil 1

Lesen Sie sich noch einmal die Beschreibung Ihres »perfekten Arbeitstages« durch und analysieren Sie, welche Ihrer Werte sich darin offenbaren. Sie sollten die zehn bis 15 wichtigsten Werte herausfinden. Sie brauchen diese (noch) nicht in eine Reihenfolge zu bringen.

Entscheidend ist nur, dass Sie die Bezeichnung der Werte als treffend empfinden. Suchen Sie nach Begriffen, die die oben beschriebenen Aha-Erlebnisse bei Ihnen hervorrufen.

Mein Tipp: Gehen Sie zunächst nicht die Liste mit beispielhaften Werten durch, die ich zuvor angeführt habe, und schauen Sie auch nicht in die lange Werteliste im Anhang. Die Erfahrung hat gezeigt, dass es besser ist, wenn Sie im ersten Schritt versuchen, davon unabhängig die Begriffe zu finden, die Ihre Werte am treffendsten ausdrücken, und sich nicht von der großen Auswahl in der Aufzählung verwirren lassen. Erst am Ende sollten Sie, wenn überhaupt, einen Blick in die Listen werfen, um zu überprüfen, ob es vielleicht noch passendere Bezeichnungen gibt. Folgen Sie zunächst ganz frei Ihrer Intuition. Und vor allem – lassen Sie sich Zeit!

Meine wichtigsten Werte

In beliebiger Reihenfolge, ohne Wertung/Rangfolge

_____

_____

_____

_____

_____

_____

_____

_____

_____

_____

_____

_____

Teil 2

Wenn Sie nun eine Liste mit den zehn bis 15 Werten haben, die Ihnen bei der Analyse als Erstes eingefallen sind – das sind meist die wichtigsten – dann kommt nun der »Feinschliff«. Dazu werfen Sie bitte einen Blick in die Notizen, die Sie sich bei der Übung »Meine Spielregeln« im vorletzten Kapitel gemacht haben. Überprüfen Sie, zu welchen Werten die von Ihnen zuvor notierten Regeln und Erlebnisse passen. Entweder finden Sie auf Ihrer Werteliste immer die passenden Werte zu Ihren Spielregeln, oder Sie stellen fest, dass einzelne Werte etwas anders formuliert werden sollten, um ins Schwarze zu treffen. Oft sind gerade unsere wichtigsten Werte so selbstverständlich für uns, dass sie uns gar nicht bewusst sind. Deshalb kann es auch vorkommen, dass Sie bei der Durchsicht Ihres »Regelwerkes« bemerken, dass Sie ganz vergessen haben, einige Ihrer entscheidendsten Werte zu notieren. In diesem Fall ergänzen Sie diese einfach auf Ihrer Liste – es spielt keine Rolle, ob Sie dabei zunächst die Gesamtzahl von 15 überschreiten.

Mein Tipp: Lassen Sie sich auch hier wieder Zeit und folgen Sie Ihrem Gefühl. Ihr Kopf wird Ihnen nicht sagen können, welche Bezeichnungen Ihre Werte am besten treffen – es ist Ihr Bauchgefühl, Ihre Intuition, die das tut.

»Das ist doch Humbug, der eigenen Intuition zu folgen! Das können gerne diese weichgespülten Esoteriker machen, während sie sich mit ihren Klangschalen zudröhnen und die Abgase von Räucherstäbchen inhalieren! Normale Menschen finden solche Dinge mit scharfem Verstand und knallharten, sachlichen Analysen heraus. – Geben Sie mir Fragebögen, Statistiken und Diagnoseprogramme!«, höre ich jetzt die Gedanken von einigen Lesern. Ich muss Sie im wahrsten Sinne des Wortes ent-täuschen, denn Intuition hat nichts mit übersinnlichen Kräften, Engeln oder Lichtenergien zu tun. Die Intuition wird getrieben von unbewussten Erfahrungen, auf die Sie zurückgreifen. Alles, was Sie aus dem

Bauch heraus entscheiden, können Sie im Nachhinein rational erklären. Also, warum sollten Sie nicht den schnelleren, einfacheren Weg nehmen und Ihrer Intuition folgen, anstatt mühsam mit dem Verstand zu analysieren oder sich Statistiken unterzuordnen, die viel zu allgemein sind, um auf Sie vollkommen zuzutreffen?

Teil 3

Nun geht es darum, Ihre Werte nach Relevanz zu sortieren und Ihre zehn wichtigsten Werte zu bestimmen. Dies können Sie einfach nach Gefühl machen. Notieren Sie diese im folgenden Formular oder legen Sie Ihre Werte-Rangliste in dem Notizbuch an, in dem Sie auch Ihre Spielregeln festgehalten haben.

Meine Werte-Top-10

1. _____

2. _____

3. _____

4. _____

5. _____

6. _____

7. _____

8. _____

9. _____

10. _____

Diese persönliche Liste ist einer der wichtigsten Schlüssel, um mit Ihren Kollegen besser klarzukommen. Sie macht Ihnen deutlich, worum es Ihnen bei der Arbeit grundsätzlich geht. Dadurch können Sie den Kollegen, mit denen es nicht ganz so rundläuft, klarer kommunizieren, was Ihnen in der Zusammenarbeit fehlt. Ihre Werteliste wird im Laufe des Buches immer wieder eine Rolle spielen, deshalb ist es hilfreich, wenn Sie diese jetzt direkt angelegt haben.

Die Wahrnehmung der eigenen Spielregeln und Werte ist eine gute Grundlage, um einen besseren Draht zu den Arbeitsgenossen zu bekommen. Im nächsten Schritt möchte ich mit Ihnen gemeinsam auskundschaften, warum auch die Wahrnehmung der eigenen Emotionen eine wichtige Rolle bei Streitigkeiten mit Kollegen spielt.

Emotionen werden unterbewertet

»Jetzt bleiben Sie doch mal sachlich!« Haben Sie das schon mal in einem Streitgespräch zu einem Kollegen gesagt oder selbst zu hören bekommen? Ich erlebe es immer wieder, dass Seminarteilnehmer sich selbst für objektiv und sachlich halten und das als einzig richtiges Verhalten im harten Businessalltag ansehen. »Emotionen haben im Job nichts zu suchen!« Dieselben Teilnehmer sind es dann, die später berichten, wie sie saftige Mails an den einen oder anderen Kollegen geschrieben haben, der wieder mal nicht wie erwartet performt oder eine »unmögliche« Entscheidung gefällt hat. Formuliert sind die Schreiben dann in folgender Art:

    Hallo Peter,
    ich finde es unmöglich, wie du dich heute im Mee-
    ting verhalten hast, du hast unsere Abteilung in ein
    schlechtes Licht gerückt. Wie kannst du so unquali-
    fizierte Aussagen treffen? Ich erwarte, dass du dich
    beim nächsten Meeting zurückhältst und dir vor-
    her mal die Unterlagen zum Projekt durchliest.
    Gruß
    Dieter

Die Schreiber dieser Nachrichten sind felsenfest davon überzeugt, dass solche Formulierungen absolut sachlich sind. Bei näherer Betrachtung wird ihnen dann bewusst, dass genau das Gegenteil zutrifft: Die Mails strotzen nur so vor Emotionen. Und das ist vollkommen okay, denn wir Menschen werden von unseren Emotionen gesteuert – ob wir es wahrhaben wollen oder nicht. Alle unsere Entscheidungen treffen wir aus einem »Gefühl« heraus und finden erst im zweiten Schritt eine rationale Begründung dafür. Das ist uns oft nicht bewusst, und daher glauben wir, dass wir »Verstandesmenschen« sind. In Wahrheit sind unsere Emotionen die Regierungschefs, die von unbewussten Erfahrungen gespeist werden, und unser Verstand ist nur der Pressesprecher, der die Entscheidungen nach außen hin verkauft. Also verabschieden Sie sich spätestens jetzt von dem Glauben, dass Emotionen nichts im Job zu suchen haben, denn sie sind ständig im Spiel – wenn auch in unterschiedlichen Dosierungen. Ohne Emotionen hätte unsere Spezies nicht überlebt: Sie halten uns davon ab, Dinge zu tun, die unser Leben in Gefahr bringen, und motivieren uns, mehr von dem zu tun, was uns guttut. Sie ahnen es vielleicht schon: was genau Gefahr ist und was genau uns guttut, ist von Mensch zu Mensch unterschiedlich – auch das hat wieder etwas mit unseren individuell gelernten Spielregeln zu tun.

Der eine liebt Hunde über alles und eine Runde Gassi gehen mit anschließendem Kuschelmarathon bringen ihm oder ihr Freude und Entspannung. Hier ist aus früheren Erfahrungen im unbewussten Regelwerk eingetragen: »Der Kontakt mit Hunden macht Spaß, senkt den Blutdruck und verlängert das Leben. Unbedingt öfter machen!« Der andere hat schlechte Erfahrungen mit Hunden gemacht oder zumindest wurden ihm seit frühester Kindheit Horrorgeschichten rund um die Vierbeiner suggeriert. Bei ihm oder ihr ist im unbewussten Regelwerk vermerkt: »Jeglicher Kontakt mit Hunden sorgt für Angst, erhöht den Blutdruck und verkürzt das Leben. Unter allen Umständen vermeiden!«

Ich höre in Unternehmen immer wieder Sätze wie »Ja und dann wurde der Mayer emotional!« oder »Was bist du denn jetzt so emotional?« Mich stören an solchen Formulierungen zwei Dinge:

1. Es hört sich an, als wären Emotionen ungewöhnlich, nicht wünschenswert. Wie zuvor beschrieben, gehören Gefühle zum Menschsein dazu. Hätten wir sie nicht, dann wären wir Roboter. Ob wir wollen oder nicht, ob wir es uns eingestehen oder nicht: Wir alle haben Emotionen.
2. Es klingt negativ. In diesen Beschreibungen geht es immer nur um Situationen, in denen ein anderer wütend wurde oder geweint hat. Freude ist aber auch eine Emotion! Hier würde niemandem einfallen zu sagen: »Die Schulze war wieder so emotional, sie hat total herzlich gelacht!«

Lassen Sie uns genauer anschauen, was es eigentlich für unterschiedliche Emotionen gibt und welche Funktion sie genau haben. Ich verwende übrigens die Begriffe Emotionen und Gefühle synonym. Hier streiten sich die Wissenschaftler, ob es einen Unterschied gibt oder nicht, und wenn ja, was genau ihn ausmacht. In meinen Augen ist es aus philosophischer Sicht interessant und möglicherweise sogar notwendig zu differenzieren, für den Alltag, um den es in diesem Buch geht, halte ich eine Unterscheidung für unnötig.

Was fallen Ihnen für Emotionen ein? Wie können wir uns fühlen?

Ausgelassen, betrübt, euphorisch, deprimiert, ängstlich, gelähmt, aktiviert, beschämt, verunsichert, begeistert, albern, cool, einsam, freudig, hilflos, glücklich …

Es gibt unzählige Nuancen, in denen sich unsere Gefühle äußern können. Im Anhang finden Sie eine Liste mit über 500 Emotionen und das sind längst nicht alle, die wir empfinden können. Um besser verstehen zu können, welche Bedeutung unsere Gefühle haben, hat die Wissenschaft seit jeher versucht, aus allen möglichen Empfindungen Grundgefühle herauszufiltern. So entwickelte zum Beispiel schon Aristoteles im dritten Jahrhundert vor Christus ein System von elf seelischen Vorgängen: Begierde (epithymia), Zorn (orgê), Furcht (phobos), Mut (tharsos), Neid (phthonos), Freude (chara), Freundschaft (philia), Hass (misos), Sehnsucht (pothos), Eifer (zêlos) und Mitleid (eleos).

Descartes beschrieb 1649 sechs primäre Leidenschaften: Freude, Traurigkeit, Verwunderung, Liebe, Hass und Begehren. Und Spinoza reduzierte sie 1872 auf die drei Grundgefühle Begierde, Freude und Hass.

Heute gibt es unterschiedliche Schulen, die sich bemühen festzulegen, welche Grundgefühle es denn nun sind, aus denen man alle anderen Nuancen »mischen« kann. Für mich ist die folgende Einteilung am pragmatischsten für unsere Zwecke:

Die fünf Basisemotionen

- Wut
- Angst
- Trauer
- Freude
- Zuneigung

Jedes dieser Grundgefühle sorgt bei uns für ein anderes Verhalten:

Wut
Wir wollen uns mit einer Person oder einer Sache auseinandersetzen, sie im extremsten Fall zerstören.

Angst
Wir wollen schnell weg von der Sache oder der Person, die uns Angst macht, und versuchen, weitere Kontakte zu vermeiden.

Trauer
Wir sind in einer Art Schockstarre und wissen aufgrund eines Verlustes weder ein noch aus.

Freude
Wir wollen mehr von der Sache, die uns Freude bereitet.

Zuneigung
Wir wollen mehr mit diesem Menschen (oder Tier) zu tun haben, zu dem wir Zuneigung spüren.

Mir ist es wichtig, ein Bewusstsein dafür zu schaffen, dass alle Emotionen gut sind! Wir neigen leider oft dazu, es negativ zu bewerten, wenn wir selbst oder jemand anderes wütend ist. Genauso ertragen wir es schlecht, wenn jemand traurig ist, und sagen dann schnell: »Nun wein doch nicht!« Wenn jemand Freude zeigt, würde uns dagegen nie über die Lippen kommen: »Nun lach doch nicht!«

Wenn wir anfangen, unsere Emotionen und die der anderen als hilfreiche Signale wahrzunehmen, dann können wir sie nutzen, um zu verstehen, was eigentlich gerade mit uns oder den Kollegen los ist. Sie sind Indikatoren dafür, ob unser gemeinsames Spiel gerade gut läuft oder schlecht. Daraus können wir konkret ableiten, was zu tun ist, um öfter Spaß am gemeinsamen Arbeiten zu haben, und was wir in Zukunft vermeiden oder ändern sollten, um Wut und Angst bei uns und anderen zu verhindern.

Und wie funktioniert das? Jede unserer emotionalen Regungen verrät uns, wie es gerade um unsere Werte bestellt ist, die ja so entscheidend sind für unsere Zufriedenheit und Motivation:

Wut – einer unserer Werte ist in Gefahr

Wenn Sie wahrnehmen, dass Ihnen der Kamm schwillt, Sie zum Hulk werden oder Sie den dringenden Wunsch haben, Ihrem Gegenüber die Augen auszukratzen, auch wenn Sie sich dabei die frisch gemachten Fingernägel ruinieren könnten, dann ist das ein sicheres Zeichen dafür, dass Sie gerade etwas wahrgenommen haben, das mindestens einen Ihrer Werte gefährdet.

Beispiel

Kollege Schabowski sagt: »Da brauchen wir nicht auf das Feedback der Fachabteilung zu warten, wir setzen unsere Idee einfach direkt um!«, und Sie merken, dass die Wut in Ihnen aufsteigt. Was für ein Wert könnte es sein, der durch diese Ankündigung missachtet wird? Vielleicht »Sicherheit«, »Struktur« oder »Bescheidenheit«.

Angst – einer unserer Werte ist in Gefahr

Neben Wut ist Angst eine weitere Art, darauf zu reagieren, dass einer unserer wichtigsten Werte gefährdet ist. Es hängt von unserer Persönlichkeit ab, ob wir als Reaktion eher angreifen (Wut) oder fliehen (Angst).

Beispiel

Sie sitzen in einem Meeting, in dem über ein Projekt gesprochen wird, in das Sie erst seit ein paar Tagen involviert sind. Plötzlich zeigt eine Ihrer Kolleginnen auf Sie und sagt: »Du hast das Wort. Bitte präsentiere doch den aktuellen Stand des Projekts.« Das war so im Vorfeld nicht abgesprochen und Ihnen läuft es kalt den Rücken herunter. Am liebsten würden Sie sofort aus dem Raum rennen oder auf der Stelle unsichtbar werden. Welche Ihrer Werte wären hier in Gefahr? Möglicherweise »Sicherheit«, »Vertrauen« oder »Kompetenz«.

Trauer – wir haben die Hoffnung verloren, dass einer unserer Werte erfüllt wird

Vielleicht denken Sie jetzt so was wie: »Trauer? Im Büro? Ich trauere manchmal, wenn bestimmte Kollegen jeden Morgen doch wieder auf der Arbeit erscheinen, aber ansonsten ...« Ich behaupte, dass wir im Job öfter trauern, als uns das bewusst ist, wir nennen es nur anders: Enttäuschung – das ist auch eine Form von Trauer. Mal ganz ehrlich, wie oft sind wir enttäuscht, wenn ein Kollege sich auf eine bestimmte Art verhält, ein Projekt doch nicht so gelaufen ist, wie wir uns das gewünscht hätten, et cetera.

Beispiel

Ihr Chef hat Ihnen vor ein paar Wochen angekündigt, dass es im Jahresgespräch auch um eine neue Aufgabe für Sie gehen wird. Voller Erwartung sitzen Sie ihm nun gegenüber. Sie arbeiten schon seit einigen Jahren zusammen, und er weiß genau, dass Sie es lieben, neue Dinge zu entwickeln – auch wenn Sie schon lange nichts mehr in dieser Art als Aufgabe bekommen haben. Sie vermuten, dass er Sie deshalb in das neue Innovationsprojekt involvieren wird, das in Kürze aus der Taufe gehoben wird.

Endlich kommt Ihr Vorgesetzter auf Ihre neue Aufgabe zu sprechen: Ab dem nächsten Monat sollen Sie die Qualitätsprüfung unterstützen und Buchungsvorgänge kontrollieren. Sie bekommen einen Kloß im Hals und könnten losheulen. Welcher Ihrer Werte scheint auf unbestimmte Zeit unerfüllt zu bleiben? Es könnte »Kreativität«, »Abwechslung« oder »Einfluss« sein.

Freude – einer unserer Werte wird erfüllt

Sie könnten Luftsprünge machen und die Welt umarmen, Ihre Arbeit scheint Ihnen wie von selbst von der Hand zu gehen, ohne dass Sie dabei müde werden. Wenn Sie bei sich Freude wahrnehmen, dann ist das der untrügliche Hinweis darauf, dass gerade mindestens einer Ihrer wichtigsten Werte erfüllt ist.

Beispiel
Sie betreten das Büro und finden auf Ihrem Schreibtisch schon heute die Unterlagen, die Ihr Kollege erst bis zum nächsten Tag fertig haben sollte, dadurch können Sie einen Teil ihrer Arbeit vorziehen und sparen Zeit. Der Drucker spuckt ohne Papierstau oder andere Zickereien die Dokumente aus, die Sie brauchen, und als der Toner zur Neige geht, genügt ein Griff in den Schrank unter dem Gerät: dort liegt Nachschub in allen Farben bereit. Ihr neues Ablagesystem funktioniert wie am Schnürchen, und so haben Sie schnell alle Unterlagen übersichtlich digital abgelegt und analog abgeheftet. Später machen Sie mit strahlendem Lächeln Feierabend. Welche Ihrer Werte könnten an so einem Tag zu 100 Prozent erfüllt sein? Wahrscheinlich »Effizienz«, »Schnelligkeit« oder »Leichtigkeit«.

Zuneigung – eine Person erfüllt einen unserer Werte

Was die Freude über eine Sache ist, ist die Zuneigung zu einer Person. Wie einige Kapitel zuvor schon angerissen: Wenn jemand ähnliche Werte hat wie wir, dann empfinden wir ihn oder sie als sympathisch und fühlen uns angezogen. Kollegen, mit denen Sie ohne großes Kopfzerbrechen klarkommen, mit denen Sie sich fast blind verstehen, werden mit großer Wahrscheinlichkeit unter ihren Top-10-Werten viele Übereinstimmungen mit denen auf Ihrer persönlichen Rangliste haben.

Beispiel

Sie haben einen neuen Praktikanten in Ihrer Abteilung, nennen wir ihn Paul. Der junge Mann ist heute den ersten Tag in Ihrem Bereich, und Sie malen schon in allen Schwarzschattierungen, die Ihnen einfallen, ein finsteres Bild davon, wie stressig die nächsten Wochen werden, wenn Sie neben Ihrem täglichen Arbeitspensum auch noch Paul mühsam erklären müssen, wie »man« hier arbeitet. Mit Schaudern denken Sie an Kevin, Chantal und all die anderen Praktikanten zurück, die man Ihnen zuvor schon »zur Entlastung« zur Seite gestellt hatte. Zur Ihrer großen Überraschung läuft mit Paul alles anders: Er setzt genau das um, was Sie ihm anvertrauen, er fragt nach, wenn er etwas nicht verstanden hat, und bringt schon in der zweiten Woche hilfreiche Verbesserungsvorschläge für operative Prozesse ein. Am liebsten würden Sie Paul jeden Abend aus Dankbarkeit umarmen. Was denken Sie, welche Ihrer Werte der Praktikant mit Ihnen gemein hat? Es könnten »Zuverlässigkeit«, »Vertrauen« oder »Engagement« sein.

Vielleicht können Sie Ihre Emotionen jetzt schon mehr schätzen und sehen sie nicht (mehr) als lästiges Übel an, mit dem Sie sich jeden Tag herumschlagen müssen. Mit dem folgenden Tool lernen Sie, Ihre Gefühle im Arbeitsalltag besser zu nutzen.

Tool »Wertedetektor«

Es gibt unterschiedliche Geräte, die dafür entwickelt wurden, bestimmte Energien aufzuspüren. Der Kompass zeigt uns, wo der magnetische Nordpol liegt, der Metalldetektor hilft uns, Gold und andere Edelmetalle zu finden, et cetera. Genauso können Sie Ihre Emotionen nutzen, um Zonen aufzuspüren, in denen Sie Ihre Werte schon jetzt finden, und Bereiche, in denen sie noch fehlen oder nur in kaum messbaren Spuren vorhanden sind. Unsere Emotionen als »Wertedetektor« zu nutzen hat zwei große Vorteile:

1. Es gibt uns Sicherheit.

Ich erlebe es oft, dass sich meine Klienten hilflos fühlen, wenn sie von Ihren Gefühlen übermannt werden. Es ist ein diffuser Zustand, der als unangenehm empfunden wird. Statt genauer hinzuschauen, was uns denn da genau bewegt, schauen wir lieber weg, lenken uns mit Arbeit ab, stopfen Süßigkeiten in uns hinein oder dröhnen uns mit Alkohol oder anderen Drogen zu. Sobald Sie aber anfangen, Ihre Gefühle zu schätzen, werden Sie sich auch einfacher mit ihnen auseinandersetzen können. Wenn Sie dann erkennen, was genau das für ein Gefühl ist und wodurch es ausgelöst wurde, gibt Ihnen das Sicherheit, da Sie sich Ihren Zustand selber rational erklären können.

2. Es schafft Klarheit.

Wenn sich bei uns dank der nervigen Kollegen Wut, Angst oder Enttäuschung einstellt, dann merkt das unser Gegenüber – ob wir wollen oder nicht. Wir alle haben von Natur aus ein Gespür für die Emotionen der anderen Menschen. Das war und ist auch heute noch überlebenswichtig. Wenn wir nicht schnell genug erkennen, dass unser Gegenüber wütend auf uns ist, dann sind wir nicht auf die Faust vorbereitet, die auf uns zurast. Wenn wir nicht wahrnehmen, dass sich unser Gegenüber extrem zu uns hingezogen fühlt, dann sind wir nicht auf den feuchten Schmatzer gefasst, der sich unserem Gesicht nähert. Doch warum wir mit bestimmten Emotionen reagieren, das ist unseren »lieben Kollegen« oft nicht klar. Dadurch landen wir schnell in Schubladen wie »Die Zicke«, »Der Choleriker«, »Die Heulsuse« oder »Das Weichei«. Wenn Sie deutlich machen können, woher Ihre Gefühle rühren, sorgt das für Klarheit bei Ihrem Gegenüber, und Sie schaffen dadurch die Grundlage, um die Situation zu besprechen und damit auch zu verändern.

Der »Wertedetektor«

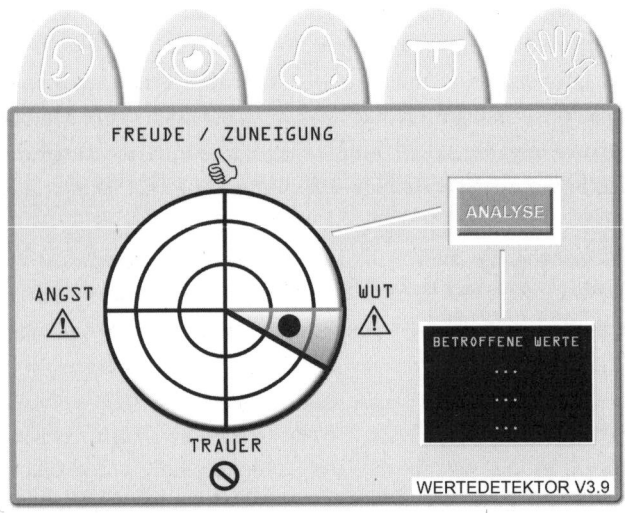

So sieht der Detektor in meiner Fantasie aus. Er steht für die Vorgänge, die meist unbewusst in unserem Kopf ablaufen. Die fünf »Sensoren« an der Oberseite symbolisieren unsere fünf Sinne, mit denen wir unsere Umwelt hören, sehen, riechen, schmecken und fühlen. Wann immer wir etwas wahrnehmen, das unsere Werte betrifft, bewegt sich der Statuspunkt auf dem Display und zeigt an, welches Gefühl ausgelöst wurde. Erst wenn wir bewusst die »Analysetaste« drücken, wird der Wert angezeigt, der mit dem Gefühl in Zusammenhang steht.

Und so nutzen Sie den »Wertedetektor« im Alltag:

Schritt 1 – Gefühl ablesen

Schauen Sie ab sofort bewusster auf das Display. Was zeigt es an, wenn Sie mit dem einen oder anderen Kollegen zu tun haben? Wohin bewegt sich der Statuspunkt, je nachdem, mit welchem Thema Sie sich gerade befassen? Wo befindet er sich bei unterschiedlichen Tätigkeiten?

Dieser Schritt klingt sehr simpel, aber für viele ist es zunächst eine Herausforderung, die eigenen Gefühle überhaupt zu erkennen. Wir sind oft so sehr mit unserer Ratio beschäftigt, dass wir gar nicht mitbekommen, dass sich auf der Gefühlsebene gerade etwas bewegt hat. Auch wenn wir uns einreden, dass es Momente gibt, in denen wir »total sachlich unterwegs sind«: Wir sind nie emotionslos! Es gibt aber tatsächlich Menschen, die ihre eigenen Gefühle nicht wahrnehmen. Man spricht hier von einer sogenannten Alexithymie, auf Deutsch »Gefühlsblindheit«. Die Betroffenen deuten körperliche Reaktionen wie zum Beispiel Herzklopfen, Übelkeit und schwitzige Hände nicht als Ausdruck einer Emotion (im genannten Beispiel als Angst), sondern schreiben die Symptome organischen Ursachen zu. Wenn Sie befürchten, zu dieser Gruppe zu gehören, dann gibt es verschiedene Tests, um das zu überprüfen. Einer der bekanntesten nennt sich »LEAS« (Levels of Emotional Awareness Scales) und ist online auf Deutsch hier zu finden: www.alexithymie.com. Ich gehe aber davon aus, dass die meisten von Ihnen grundsätzlich in der Lage sind, ihre eigenen Gefühle wahrzunehmen.

Selbst wenn wir eine emotionale Regung bei uns bemerken, fällt es uns meist schwer, sie genau zu identifizieren. Freude ist oft gut differenzierbar, Wut, Angst, Trauer dagegen fühlen sich im ersten Moment einfach nur unangenehm an und sind schwerer zu unterscheiden. Wenn Sie bisher gewohnt waren, diese unliebsamen Gefühle wegzudrücken oder zu ignorieren, werden Sie etwas mehr Zeit benötigen, um zu lernen, die Anzeige Ihres »Wertedetektors« abzulesen, als jemand, der schon zuvor einen guten Kontakt zu sich selbst hatte.

Schritt 2 – Ursache erkennen

Was genau hat für den Ausschlag des Detektors gesorgt? Was haben die Sensoren empfangen? Machen Sie sich bewusst, was Sie gesehen oder gehört haben, als sich Ihr Gefühlsdetektor gemeldet hat. Was haben gewisse Kollegen gesagt oder getan? Vielleicht war auch ein Geräusch, ein Geruch oder ein Geschmack der Auslöser oder etwas, das Sie körperlich berührt hat. Vielleicht hat der »nervige« Kollege einen Satz gesagt, der Sie auf die Palme gebracht hat, oder er hat eine Geste gemacht, die Sie aufregt. Vielleicht hat er auch auf eine Ihrer Bemerkungen hin gestöhnt, sich seine Tütensuppe gekocht, die Sie so eklig finden, oder Sie auf eine Art berührt, die Sie nicht ausstehen können.

Genauso hilft es, Ihre Selbstwahrnehmung zu schulen, indem Sie versuchen, die Ursache für positive Emotionsausschläge Ihres »Wertedetektors« zu erkennen. Was genau haben Kollegen und Kolleginnen gemacht, dass Sie jetzt vor Freude über das ganze Gesicht strahlen? War es ihr Verhalten, eine E-Mail, die Sie bekommen haben, ein tolles Parfüm, das Ihre Nase betört, oder eine Art von Berührung, die Sie lieben? … Ich wüsste jetzt gerne, welche Bilder in Ihrem Kopf auftauchen.

Schritt 3 – Betroffene Werte analysieren

Sie kennen jetzt die Emotion, die bei Ihnen ausgelöst wurde, und den Auslöser. Durch das Wissen der letzten Seiten können Sie auch schon einschätzen, was die wahrgenommene Emotion zu bedeuten hat:

Trauer	Mindestens einer Ihrer Werte scheint auf absehbare Zeit nicht erfüllt zu werden
Angst	Mindestens einer Ihrer Werte ist in Gefahr
Wut	Mindestens einer Ihrer Werte ist in Gefahr
Freude/Zuneigung	Mindestens einer Ihrer Werte wird gerade erfüllt

Nun ist es Zeit, die »Analysetaste« auf Ihrem »Wertedetektor« zu drücken. Fragen Sie sich dazu, auf welchen Ihrer Werte sich die emotionale Reaktion bezieht. Je stärker der Ausschlag, desto höher steht der Wert in Ihrer Rangliste. Wenn Sie das Tool »Wertefilter« schon genutzt haben, sollte es Ihnen jetzt leichtfallen, den betroffenen Wert zu erkennen.

Wenn Sie den »Wertedetektor« regelmäßig bewusst nutzen, werden Sie einen ersten Unterschied im Umgang mit den speziellen Kollegen spüren. Durch die Selbstanalyse erlangen Sie nicht nur größere Klarheit in Bezug auf Ihre eigenen Emotionen, sondern lassen auch das ungesteuerte emotionale Stadium im Tausch gegen einen selbst gesteuerten rationaleren Zustand hinter sich.

Vielleicht zerstöre ich mit folgendem Geständnis eine Illusion, doch auch ich als »Menschenversteher« bin nicht von einem goldenen Licht der Liebe umgeben, in das ich automatisch jeden hülle, der in meine Nähe kommt. Es geschieht ab und zu, dass jemand im Sessel mir gegenüber Platz nimmt, den ich spontan nicht unbedingt als angenehm empfinde. Immer dann werde ich besonders neugierig. Ich suche, wie oben beschrieben, nach dem Auslöser für mein Gefühl und spreche es dann offen an. In 99 Prozent der Fälle führt das dazu, dass sich ein gutes Verhältnis zu den Klienten entwickelt, die auf den ersten Blick nicht unbedingt meine Sympathien hatten. Wie eine solche Ansprache aussehen kann, beschreibe ich im nächsten Teil des »WOW!-Prinzips«, in dem es um das »O« wie »Offenheit« geht.

Zuvor jedoch finden Sie auf der nächsten Seite eine Zusammenfassung der wichtigsten Erkenntnisse aus diesem Teil.

Zusammenfassung »Wahrnehmung«

- Wahrnehmung ist der erste Grundpfeiler des »WOW!-Prinzips«. Gemeint ist damit die Wahrnehmung unserer eigenen Spielregeln und Werte und der konkreten Aspekte, die uns am Verhalten der Kollegen stören.
- Unsere eigenen Spielregeln sind uns oft nicht bewusst, weil wir sie als selbstverständlich empfinden.
- Werte sind individuelle, zum Teil unbewusste Kriterien, nach denen wir unsere Umwelt, unser Verhalten und das unserer Kollegen bewerten.
- Decken sich unsere Werte mit denen der Kollegen, tun wir uns leichter in der Zusammenarbeit. Unterschiedliche Werte sind oft die Ursache für Konflikte.
- Unsere Emotionen sind »Wertedetektoren«: Sie zeigen uns permanent an, ob unsere Werte erfüllt sind oder nicht.
- Wenn wir unsere Emotionen bewusster wahrnehmen, hilft uns das, schneller die Ursachen für Konflikte zu analysieren, und erleichtert die Lösung.

Offenheit

Der zweite Grundpfeiler des »WOW!-Prinzips«

> Warum Ihre eigene Offenheit dafür sorgt, dass auch Ihre Kollegen Ihnen offener begegnen
> Weshalb es einen Unterschied macht, ob wir das Verhalten unserer Kollegen objektiv beobachten oder subjektiv bewerten
> Warum wir oft versuchen, die Gedanken der Kollegen zu lesen, und uns damit selbst im Weg stehen
> Wie Sie herausfinden, was wirklich in den Köpfen der Kollegen vorgeht
> Welchen Einfluss echte Empathie auf die Beziehung zu den Arbeitsgenossen hat
> Wieso es entscheidend ist, die Werte der Kollegen zu kennen

Lassen Sie sich in den Kopf schauen

Werden Sie von dem Kollegen vergöttert, den Sie selbst zur Hölle wünschen? Ich gehe davon aus, dass das Gegenteil der Fall ist. Die Wahrscheinlichkeit ist hoch, dass auch er Ihr Verhalten nicht sonderlich positiv bewertet. Dabei wird er seine ganz eigenen Theorien haben, warum Sie so sind, wie Sie sind: »Der/Die (bitte hier Ihren Namen eintragen) hat seinen/ihren Job doch nur bekommen, um Heizkosten zu sparen … So viel heiße Luft wie der/die produziert!« oder »Kein Wunder, dass die/der (bitte hier Ihren Namen eintragen) so langsam ist: Die Mutter ist 'ne Schnecke und der Vater Beamter!«

Wie es wirklich in Ihrem Kopf aussieht, was tatsächlich Ihre »Spielregeln« sind, weiß er sehr wahrscheinlich nicht. Deshalb ist es nützlich, wenn Sie für Klarheit sorgen und Ihre Karten auf den Tisch legen.

An dieser Stelle höre ich meist die drei folgenden Einwände:

»Der könnte mich ja einfach mal fragen, was ich denke!«

(Stellen Sie sich vor, dass Sie die Hände in die Hüften stützen, während Sie diesen Satz halb beleidigt, halb erbost sagen.)

Es wäre sicher eine Möglichkeit, dass der Kollege sich für Ihren Standpunkt interessiert und danach fragt. Wenn Sie allerdings auf dieses »Wunder« warten, dann nutzen Sie nicht Ihren Einfluss, sondern machen sich abhängig davon, dass der andere auf Sie zugeht.

»Der Kollege weiß doch ganz genau, was ich will!«

(Bei diesem Satz könnten verschränkte Arme und ein Schmollmündchen die unterstützende Körpersprache sein.)

Alternative Sätze sind: »Das ist doch logisch, dass man so und so denkt!« oder »Der muss doch wissen, wie wir das hier machen. Der ist doch schon lange genug dabei!« Wenn Sie das Buch chronologisch gelesen haben, kennen Sie schon meine Antwort: Was für uns selbstverständlich ist, muss es noch lange nicht für den Kollegen sein.

»Ich werde mich doch nicht vor dem/der offenbaren!«

(*Hier wäre eine Hand vor dem entsetzt geöffneten Mund passend oder alternativ der Zeigefinger, der an die eigene Schläfe tippt, um die Idiotie dieser Idee zu kommentieren.*)

Wir haben Angst, uns verletzbar zu machen, wenn wir den »Erzfeind« an unseren wahren Gedanken teilhaben lassen. Möglicherweise haben Sie auch die Sorge, taktische Vorteile zu verlieren, wenn Sie sich in die Karten schauen lassen. Da haben Sie sich raffinierte Strategien ausgedacht, um den Kollegen auszubooten oder zu überholen – die werden Sie doch nicht so einfach verraten. Wenn Sie jedoch eine tragfähige Beziehung aufbauen möchten, ist Offenheit eine wichtige Zutat, denn sie schafft Vertrauen – und danach sehnen wir uns alle.

Vertrauen ist ein Vorschussgeschäft

Wenn Sie aus Misstrauen darauf warten, dass der andere sich zuerst öffnet, können Sie lange warten – besonders wenn die Fronten schon verhärtet sind. Wenn beide Seiten so denken, dann bewegt sich gar nichts.

Vertrauen ist wertvoll, und es ist verständlich, dass wir damit nicht leichtfertig um uns werfen, da sich unser Gehirn in diesem Aspekt noch im »Steinzeitmodus« befindet. Unsere Urahnen haben mit dem Tod bezahlt, wenn Sie dem Falschen vertraut haben, und genau diese Angst haben wir auch jetzt noch, selbst wenn sie nicht immer angemessen ist. Heute geht es in den seltensten Fällen um unser Leben, eher um die Gefahr, von anderen emotional verletzt zu werden.

Warum tun wir uns dennoch so schwer mit dem Vertrauen? Wahrscheinlich, weil es so etwas wie den Sprung ins kalte Wasser erfordert. Der Soziologe Niklas Luhmann schreibt: »Vertrauen ist eine riskante Vorleistung.« Dadurch, dass wir einem anderen Menschen vertrauen, schaffen wir erst die Möglichkeit, enttäuscht zu werden. Gleichzeitig schaffen wir aber auch die Möglichkeit, uns anzunähern und vertrauensvoll zusammenzuarbeiten. Machen Sie für sich die Rechnung auf, was Sie auf Dauer mehr kostet: permanente Konflikte mit bestimmten Kollegen oder das Risiko, sich vertrauensvoll zu öffnen? Wirklich gewinnen können Sie in meinen Augen nur, wenn sie einen Vertrauensvorschuss geben.

Echte Harmonie entsteht nur durch Auseinandersetzung

Ich erlebe es immer wieder, dass Mitarbeiter Konflikte nicht ansprechen, weil sie glauben, dadurch den letzten Rest Harmonie zu zerstören, der vielleicht noch in der Zusammenarbeit mit dem anstrengenden Kollegen vorhanden ist. Für mich ist das keine echte Harmonie, wenn man den anderen nett anlächelt und gleichzeitig darüber nachdenkt, welche nicht nachweisbaren Gifte man auf legalem Weg besorgen kann. Wenn Sie nicht in eine offene Klärung gehen, sondern so tun, als wäre alles (zumindest halbwegs) in Ordnung, dann ist das so, als würden Sie über die Risse, Löcher und Spalten in Ihrer Beziehung zu dem Kollegen rosaroten Zuckerguss pinseln und dann noch ein paar Dekoblümchen darauf streuen. Oberflächlich sieht es dann für einen kurzen Moment gut aus, bevor die Fassade wieder anfängt zu bröckeln. Echte Harmonie gibt es nur durch Auseinandersetzung! Um Sie in meinen Kopf schauen zu lassen: Für mich heißt »Auseinandersetzung« nicht zwingend, sich gegenseitig anzubrüllen oder sich Kugelschreiber in die Augen und andere Körperöffnungen zu rammen. Sich mit etwas auseinanderzusetzen bedeutet für mich erst mal nichts anderes, als sich eine Sache genau anzuschauen – in diesem Fall das gestörte Verhältnis zu dem Kollegen. Sie selbst entscheiden, wie viel oder wenig Drama dieser Prozess erfordert. Ich bin eher Fan von wenig Drama... aber auch das sieht jeder anders. Selbst wenn Sie sich für den lauten, emotionsgeladenen Weg entscheiden oder sich die Situation durch die Reaktionen Ihres Gegenübers so entwickelt, ist das allemal besser als die geheuchelte Zuckergussharmonie. Es ist wie ein reinigendes Gewitter, bei dem es ordentlich blitzt und donnert, das sich aber nach einer Weile auflöst und angenehm frische Luft zurücklässt.

Wie Sie dem Kollegen, zu dem Sie Ihr Verhältnis verbessern möchten, mit mehr Offenheit und ganz ohne Drama begegnen, erfahren Sie auf den nächsten Seiten.

Der feine Unterschied: Beobachtung oder Bewertung?

Unsere »Spezi-Kollegen« gehen nicht immer entspannt damit um, wenn wir ihnen unsere Sicht der Dinge darlegen. Ein Grund dafür ist, dass wir glauben, »total objektiv und offen« zu sein, während wir in Wahrheit total voreingenommen sind. Wir bilden uns ein schnelles, subjektives Urteil, stecken Menschen in Schubladen und behandeln sie dann, als wären sie tatsächlich so, wie wir sie sehen.

Stellen Sie sich vor, Sie haben ein Problem mit Ihrem Mailprogramm und brauchen die Hilfe der IT. Eine Mail schreiben geht nicht, da ja das Programm hakt. Also anrufen. Sie wissen schon, wer rangehen wird: Der Kowollik – ein Kollege mit viel Fachwissen. Kurz bevor Ihr Finger die erste Ziffer auf dem Tastenfeld des Telefons berührt, halten Sie inne. Was ist, wenn der Kowollik Ihnen wieder einen komplizierten Vortrag hält, wieso und weshalb Ihr Mailprogramm nicht funktioniert, statt einfach schnell zu helfen. Erst letztens hat er Ihnen 100 Fragen gestellt, als Sie einfach nur eine neue Computermaus haben wollten. Ihnen war es egal, ob die über »Soft Touch«, »Haptic Feedback« oder »Silent Plus« verfügt – es sollte einfach eine verdammte, funktionierende Maus sein. Bestimmt wird der Kowollik auch dieses Mal wieder mit Fachbegriffen um sich werfen. Und das alles nur, um Sie doof dastehen zu lassen. Der ist doch nur neidisch, dass Sie einen besseren Job haben als er. Voller Wut hacken Sie Kowolliks Nummer in Ihr Telefon. Der kann was erleben! Als er sich meldet, schnauben Sie in den Hörer: »Ich brauche Sie und Ihr Fachchinesisch nicht! Ich krieg das mit meinem Mailprogramm auch irgendwie alleine hin!«

Ja, ich habe etwas übertrieben, aber so ähnlich ist es doch. Wir haben eine Idee, wie jemand ist, und sehen dann nur noch das Verhalten, das unsere Theorie »beweist«. Von Offenheit keine Spur. Wenn wir glauben, dass ein Kollege unzuverlässig ist, sorgt unser mentaler Filter dafür, dass wir nur noch Situationen registrieren, in denen der Mitarbeiter tatsächlich Vereinbarungen nicht einhält. Die Momente, in denen er zuverlässig ist, fallen uns gar nicht auf, oder wir tun sie ab mit Kommentaren wie »Eine Schwalbe macht noch keinen Sommer«. Alternativ suchen wir nach dem einen Haar in der Suppe: »Na ja, den Termin hat er eingehalten. Aber gerade so. Ich würde mich ja freuen, wenn er nur einmal sein Zeug schon früher als vereinbart abgeben würde!«

Kurz gesagt – wir beobachten nicht aus einer offenen Haltung heraus, sondern wir bewerten sofort subjektiv. Das Wort »Beobachtung« bedeutet, die Dinge so zu sehen, wie sie sind, ohne Deutung. »Bewerten« dagegen meint wortwörtlich, gewissen Verhaltensweisen der Kollegen einen Wert zu geben ... oder sie abzuwerten. Wer sich so verhält, wie wir das gut finden, ist ganz selbstverständlich ein wertvollerer Kollege für uns als einer, dessen Verhalten wir als nervig, dumm, arrogant oder wie auch immer bewerten.

Bewerten ist menschlich

Wir bewerten ständig, auch ohne uns dessen bewusst zu sein. Glauben Sie nicht? Dann hier ein kleines Quiz! Bitte entscheiden Sie bei den folgenden Aussagen, ob es sich aus Ihrer Sicht jeweils um eine Bewertungen oder eine Beobachtung handelt:

(Bitte ankreuzen)

1. Die Kollegin ist faul.
☐ Bewertung
☐ Beobachtung

2. Klaus fährt eine Mercedes A-Klasse.
☐ Bewertung
☐ Beobachtung

3. Du hast heute im Meeting mehr gesprochen als deine Kollegin.
☐ Bewertung
☐ Beobachtung

4. Petra kleidet sich immer sehr chic.
☐ Bewertung
☐ Beobachtung

5. Herr Dr. Schlüter fährt ein fetteres Auto als Klaus.
☐ Bewertung
☐ Beobachtung

6. Frau Schneider arbeitet schon lange für das Unternehmen.
☐ Bewertung
☐ Beobachtung

7. Kevin war in letzter Zeit sehr unzuverlässig.
☐ Bewertung
☐ Beobachtung

8. Der Kollege kam gestern zehn Minuten nach der vereinbarten Zeit.
☐ Bewertung
☐ Beobachtung

9. Die Schröder labert nur rum.
☐ Bewertung
☐ Beobachtung

10. Der Max arbeitet viel professioneller als die Jenny.
☐ Bewertung
☐ Beobachtung

Auflösung

1. Die Kollegin ist faul. ➜ Bewertung
Ob jemand als faul angesehen wird oder nicht, ist subjektiv. Für den einen bedeutet Faulheit zum Beispiel, dass ein Kollege langsam arbeitet, für den anderen meint es, dass ein Kollege nicht freiwillig regelmäßig Überstunden macht.

2. Klaus fährt eine Mercedes A-Klasse. ➜ Beobachtung
Es ist eindeutig, dass Klaus dieses Auto-Modell fährt.

3. Du hast heute im Meeting mehr gesprochen als deine Kollegin. ➜ Beobachtung
Auch das ist objektiv messbar.

4. Petra kleidet sich immer sehr chic. ➜ Bewertung
Was bedeutet »chic«? Für den einen ist es Designermode, für den Nächsten sind es bestimmte Farbkombinationen und für den Dritten ist es Trachtenmode.

5. Herr Dr. Schlüter fährt ein fetteres Auto als Klaus.
➜ Bewertung
Auch hier ist es subjektiv, was man jeweils unter »fett« versteht. Ist es die Größe, der Preis, die Marke? Würde jeder das Auto von Herrn Dr. Schlüter als »fetter« bezeichnen oder gibt es sogar andere, die das von Klaus als »fetter« empfinden als das des Kollegen?

6. Frau Schneider arbeitet schon lange für das Unternehmen.
➜ Bewertung
»Lange« ist relativ. Für einen alten Hasen im Unternehmen bedeutet lange vielleicht »mehr als zehn Jahre«, für einen frischen Mitarbeiter ist ein Kollege, der fünf Jahre in der Firma ist, schon lange dabei.

7. Kevin war in letzter Zeit sehr unzuverlässig. ➜ Bewertung
Jeder versteht etwas anderes darunter, was »unzuverlässig« bedeutet. Ist jemand, der zehn Minuten zu spät kommt, schon unzuverlässig oder gehört mehr dazu?

8. Der Kollege kam gestern zehn Minuten nach der vereinbarten Zeit. ➜ Beobachtung
Dies ist eine eindeutige Feststellung und damit keine Bewertung. Es wurde ein Termin konkret vereinbart und der Kollege erschien zehn Minuten nach der besprochenen Zeit.

9. Die Schröder labert nur rum. ➜ Bewertung
Auch das ist subjektiv. Was bedeutet »labern« für Sie? Was bedeutet es für Ihre Kollegen, Freunde, Familienmitglieder? Sie werden zumindest leicht unterschiedliche Definitionen hören.

10. Der Max arbeitet viel professioneller als die Jenny.
➜ Bewertung
Jeder von uns hat eine andere Idee davon, was »professionell« bedeutet. Vielleicht schnell zu arbeiten oder besonders gewissenhaft, Leitfäden auswendig zu wissen, viele Kontakte zu haben, über soziale Kompetenzen zu verfügen oder über fachliche und so weiter.

Achten Sie in den nächsten Tagen einmal bewusst darauf, ob Ihre Gedanken und Kommentare zu den besonders anstrengenden Kollegen Beobachtungen oder Bewertungen sind. Meine Hypothese: Es sind zum Großteil Bewertungen.

Kenntlich gemachte Bewertungen machen klärende Gespräche leichter

Wenn Sie Ihre individuelle Auffassung als »die einzige und echte, allgemeingültige Wahrheit« darstellen und sich Ihre Sicht nicht mit der Ihres Gegenübers deckt, sorgt das für einen Konflikt. Ihr Kollege wird in den Widerstand gehen und im Gegenzug versuchen, Sie von seiner eigenen Sicht zu überzeugen. Je deutlicher Sie machen, dass es sich bei Ihrer Aussage »nur« um eine subjektive Bewertung handelt, desto weniger Zündstoff erzeugen Sie und desto höher wird die Bereitschaft des Kollegen sein, Ihnen wirklich zuzuhören.

Wie Sie das im Joballtag konkret umsetzen können, erfahren Sie, wenn Sie umblättern.

Ich-Botschaften

Es sind kleine Unterschiede in der Formulierung, mit denen Sie deutlich machen, dass Sie gerade eine subjektive Bewertung abgeben, doch sie haben eine große Wirkung:

»Du bist unzuverlässig!« ist eine als Beobachtung ausgegebene Bewertung.

»Ich habe das Gefühl, dass du unzuverlässig bist!« ist eine klar gekennzeichnete Bewertung.

Wenn Sie sogenannte »Ich-Botschaften« senden, machen Sie deutlich, dass Sie von Ihrer Sicht der Dinge erzählen, und erwecken nicht den Eindruck, dem anderen erklären zu wollen, wie die Welt funktioniert. Diese Klarheit sorgt für weniger Widerstand bei Ihrem Gegenüber.

Zwei weitere Beispiele für beziehungsfördernde Ich-Botschaften:

»Ich habe mich über dein gestriges Verhalten geärgert.« anstelle von »Dein Verhalten gestern ging gar nicht!«

»Für meinen Geschmack machst du zu viel Buhei, wenn du über dein Projekt erzählst.« anstelle von »Du machst immer so ein Buhei, wenn du über dein Projekt erzählst.«

Wenn Sie mögen, dann lesen Sie die verschiedenen Varianten laut und achten Sie auf die Unterschiede.

Das letzte Beispiel zeigt, dass »Ich-Botschaften« nicht unbedingt das Wort »Ich« enthalten müssen. Es geht vielmehr darum, die Ich-Perspektive zu kommunizieren. Weitere Formulierungen, die »Ich-Botschaften« markieren, sind zum Beispiel:

Meiner Meinung nach …

In meinen Augen ...
Für mich hört sich das so an, als ob ...
Auf mich macht es den Eindruck ...
Nach meinem Empfinden ...
In meiner Vorstellung ...
Nach meinem Ermessen ...
Ich habe das Gefühl, dass ...
Ich bin der Ansicht, dass ...
Ich glaube, dass ...

...

Manchen meiner Seminarteilnehmer und Klienten widerstrebt es zunächst, »Ich-Botschaften« zu verwenden, da sie das Gefühl haben, es wirke zu konfrontativ und egozentrisch, so oft von sich selbst zu erzählen. Sie würden lieber sagen: »Man sollte pünktlicher sein«, anstelle von: »Ich würde mich freuen, wenn du pünktlicher wärst.«

Dazu zwei Gedanken:

1. Wenn Sie das Wort »man« benutzen, dann wirkt Ihre Aussage vielleicht weicher, verliert aber an Klarheit. Zum einen könnte der betreffende Kollege sich nicht angesprochen fühlen, zum anderen könnte er sich sogar über Ihre Formulierung ärgern, da er ahnt, dass Sie ihn meinen, aber nicht die Karten auf den Tisch legen möchten.

2. Wenn einer am besten weiß, was Sie denken und wollen, dann Sie! Also ist es doch naheliegend, dass Sie es sind, der von sich spricht.

Um sich so zu öffnen, dass der Kollege wirklich nachvollziehen kann, was Sie denken, möchte ich Ihnen jetzt ein Tool vorstellen, das das Konzept der »Ich-Botschaften« auf einem höheren Level nutzt.

Tool »Die 5 Ich«

Wenn wir etwas hören, sehen, schmecken, riechen oder fühlen, dann findet in uns folgender unbewusster Prozess statt:

Schritt 1: Wir nehmen etwas wahr

Schritt 2: Wir setzen es in Beziehung zu unseren Werten

Schritt 3: Ein entsprechendes Gefühl wird ausgelöst

Schritt 4: Wir reagieren für uns angemessen

All das läuft unbewusst in Bruchteilen von Sekunden ab. Unser Gegenüber bemerkt davon nichts – solange er nicht Gedanken lesen kann –, sondern bekommt von uns nur das Endergebnis serviert: unser Verhalten. Wenn wir anders ticken als unser Kollege, dann ist er irritiert, weil er unsere Reaktion nicht nachvollziehen kann. Er hat keine Ahnung, weshalb wir gerade das eine oder andere gesagt oder getan haben. Eben noch haben Sie beide sich konstruktiv über das neue Projekt unterhalten, und plötzlich rasten Sie aus und werfen ihm an den Kopf: »Mit dir kann man nicht zusammenarbeiten!«

Für Ihren Gesprächspartner kommt das wie aus dem Nichts, und er wird wahrscheinlich nicht gerade herzlich darauf reagieren. Es sei denn, er hat auch dieses Buch gelesen …

Sie können solche Situationen in Zukunft vermeiden oder zumindest reduzieren, indem Sie Ihrem Gegenüber verständlich machen, was gerade in Ihnen vorgegangen ist. Dazu gehört im ersten Schritt eine Selbstreflexion und im zweiten ein Feedback, das »Ich-Botschaften« verwendet:

Teil 1: Selbstreflexion

Sobald Sie im Kontakt mit einem Kollegen eine starke negative emotionale Regung verspüren wie Wut, Angst oder Trauer, analysieren Sie für sich, was sich eben in Ihnen abgespielt hat. Dazu können Sie den »Wertedetektor« aus dem Kapitel »Wahrnehmung« nutzen. Beantworten Sie dann sich selbst die folgenden Fragen:

1. Was für ein Gefühl war / ist das gerade?
   Was für eine körperliche Regung habe ich gerade wahrgenommen? Welche Emotion steckt dahinter?

2. Was hat dieses Gefühl ausgelöst? Wann genau ist es entstanden?
   Was habe ich in Verbindung mit dem Kollegen gesehen, gehört, gefühlt, geschmeckt, gerochen oder körperlich gespürt?

3. Welche(n) meiner Werte betrifft das Gefühl?
   (Wenn Sie das Tool »Wertefilter« genutzt haben, kennen Sie Ihre zehn wichtigsten Werte.)

4. Was ist Ihre Befürchtung?
   Was konkret ist in Gefahr durch das gerade beobachtete Verhalten meines Kollegen? Was geschieht, wenn er weiter meine unter Punkt 3 ermittelten Werte verletzt?

5. Welches Verhalten würden Sie sich in Zukunft idealerweise von Ihrem Gegenüber wünschen?
   Was könnte mein Kollege anders machen, damit ich das Gefühl habe, dass er meine Werte respektiert und ich entspannt auf ihn reagieren kann?

Am Anfang wird diese Form der Situationsanalyse etwas Zeit benötigen. Wenn nötig und möglich, verlassen Sie dazu kurz den Raum oder reflektieren Sie die Situation erst im Nachhinein, wenn Sie Ruhe haben. Je mehr Erfahrung Sie mit Selbstreflexion sammeln, desto leichter wird Ihnen dieser Schritt fallen. Wie schon im Abschnitt »Wahrnehmung« beschrieben: Sich selbst besser zu verstehen, wird Ihr Selbstvertrauen und Selbstbewusstsein stärken. Sie schaffen damit also nicht nur ein klareres Verhältnis zu den Kollegen, sondern tun auch etwas für sich selbst. Sie werden diese positive Veränderung schnell spüren.

Teil 2: Feedback
Nun geht es darum, Ihre Selbsterkenntnisse dem Kollegen zu vermitteln, der sie vielleicht gerade verständnislos oder verärgert anschaut, weil er Ihre vorangegangene Reaktion nicht verstanden hat. Vielleicht sitzt er Ihnen auch vollkommen unberührt gegenüber … wenn er gefühlsblind ist.

Ich empfehle für das offene Feedback folgende Struktur, die nur aus »Ich-Botschaften« besteht:

Struktur	Inhalt	Beispiel
1. Ich habe wahrgenommen/nehme wahr …	Beschreiben Sie möglichst konkret und objektiv, was Sie wahrgenommen haben, das Sie negativ berührt hat.	Als wir eben über die nächsten Projektschritte gesprochen haben, hab ich gesehen, dass du dir keine Notizen machst.
2. Ich fühle …	Nennen Sie das Gefühl, dass durch Ihre Wahrnehmung in Ihnen ausgelöst wurde.	Das ärgert mich, …
3. … weil ich wichtig finde …	Begründen Sie Ihre Gefühlsregung durch den Wert, der betroffen war/ist.	… weil mir Verbindlichkeit wichtig ist …
4. … und ich befürchte, dass …	Formulieren Sie die negative Konsequenz, die Sie durch das Verhalten des Kollegen befürchten.	… und ich die Sorge habe, dass du wichtige Informationen und Absprachen vergisst.

Struktur	Inhalt	Beispiel
5. Deshalb bitte ich dich…	Nennen Sie Ihren konkreten Wunsch, wie der Kollege sich verhalten soll, damit er Ihre Werte berücksichtigt.	Deshalb würde ich mich wohler fühlen, wenn du mitschreibst.

Im Grunde erzählen Sie einfach Schritt für Schritt nach, was zuvor (unbewusst) in Ihnen vorgegangen ist.

Wichtig!!!
Beziehen Sie sich immer nur auf eine einzige konkrete Situation und rechnen Sie nicht auf, was in den letzten Tagen, Wochen, Monaten und Jahren noch alles vorgefallen ist! Wenn Sie das tun, verliert Ihre Argumentation die Klarheit und Ihr Gegenüber wird sich wie unter einem Berg von Vorwürfen begraben fühlen … entsprechend wird er reagieren. Zudem ist es wahrscheinlicher, für eine konkrete Situation eine gemeinsame Lösung zu finden als für ein ganzes Archiv voller Problemfälle.

Vielleicht ist es am Anfang ungewohnt, sich so auszudrücken. Mit der Zeit werden Sie die Struktur immer mehr verinnerlichen und sie ohne nachzudenken nutzen. Wichtig ist, dass Sie sich für eine Wortwahl entscheiden, die sich für Sie natürlich anfühlt. Achten Sie darauf, keinen der Schritte auszulassen und wirklich nur »Ich-Botschaften« zu verwenden. Damit Sie sehen, wie variantenreich Sie sich ausdrücken können, ohne von der »5 Ich«-Struktur abzuweichen, hier ein paar weitere Beispiele:

»Ich habe gehört, dass du vorhin am Telefon zu dem Kunden gesagt hast, dass wir diese Woche keine Ware mehr bekommen, obwohl in der Dispo steht, dass heute noch eine Lieferung kommt. Das macht mir Sorgen, da mir Ehrlichkeit wichtig ist. Ich fürchte, dass uns der Kunde abspringen wird, wenn er das rausfindet. Deshalb bitte ich dich, den Kunden noch mal anzurufen und ihm zu erklären, dass wir ihn diese Woche doch noch beliefern können.«

»Ich habe gesehen, dass du die Rechnungsnummern von Hand auf die Eingangsrechnungen geschrieben hast, die ich dir zur Bearbeitung gegeben hatte. Das enttäuscht mich, weil mir Struktur wichtig ist, und ich deshalb immer einen Stempel zur Nummerierung verwende. Ich befürchte, dass wir mit den Zahlenfolgen durcheinanderkommen, wenn die meisten Rechnungen mit dem Stempel und einige von Hand nummeriert werden. Deshalb würde ich mich gerne mit dir auf ein einheitliches System verständigen.«

»Als wir gestern im Meeting nebeneinandersaßen und ich von meinen Bedenken in Bezug auf die Umstellung der Telefonanlage gesprochen habe, hast du mir das Knie getätschelt und gesagt, ich solle mal nicht den Teufel an die Wand malen. Das hat mich geärgert, weil ich mich von dir nicht ernst genommen gefühlt habe. Mir ist in unserer Zusammenarbeit Augenhöhe wichtig, und ich befürchte, dass du die mir gegenüber nicht immer hast. Ich würde gerne von dir wissen, wie du wirklich zu mir stehst, um Klarheit zu bekommen.«

Je genauer Sie Ihre Gedanken vorher sortiert haben, desto leichter wird es Ihnen fallen, sich so auszudrücken, dass Ihr Gegenüber Ihnen gut folgen kann, selbst wenn er ganz anders tickt als Sie. Wichtig ist, dass Sie in einem möglichst ruhigen Ton sprechen und Ihre Gedanken nicht als Vorwurf präsentieren. Sie sollen dabei aber auch nicht schauspielern, denn das würde ihr Gegenüber bemerken. Wenn Sie sich so aufgewühlt fühlen, dass Sie mehr Furie als Mönch sind, dann weisen Sie Ihr Gegenüber vorab darauf hin. Man nennt das Kontextualisierung.

Tool »Kontextualisierung«

Ihrem Kollegen Klarheit darüber zu geben, in welcher Verfassung Sie sich gerade befinden, sorgt für mehr Verständnis und Offenheit bei Ihrem Gegenüber.

Sagen Sie vor Ihrem »5 Ich«-Feedback zum Beispiel so etwas wie:

> »Ich merke gerade, dass ich mich total über dein Verhalten von vorhin ärgere. In mir grummelt es immer noch, deshalb kriege ich es leider gerade nicht hin, so ruhig mit dir darüber zu sprechen, wie ich es gerne würde …«

oder

> »Verzeih bitte, falls ich gleich etwas lauter werde. Ich bin gerade total in Rage (und bekomme mich nicht beruhigt) …«

oder

> »Mir liegt was auf der Seele, und ich muss raus damit, bevor ich platze …«

Auch die Kontextualisierung ist eine Form von Offenheit und schafft Verständnis bei Ihrem Gegenüber.

Vielleicht steigt in Ihnen jetzt die Sorge auf, dass Ihr Kollege Ihnen den Dolch ins Herz rammt, wenn Sie Ihre Rüstung ablegen und sich so offenbaren. Das kann passieren, wird es jedoch in den meisten Fällen nicht. In einer »normalen« zwischenmenschlichen Interaktion wird es ein anderer nicht ausnutzen, wenn Sie sich verletzlich zeigen. Zudem beweisen Sie mit Ihrer Offenheit eine große Stärke, da Sie zum einen den ersten Schritt auf den Kollegen zu machen und sich zum anderen trauen, Ihre Gedanken frei zu äußern.

Wenn Ihr »geliebter« Kollege auf Ihre Offenheit wider Erwarten nicht selber mit Offenheit oder zumindest Respekt und Anerkennung reagiert, sondern versucht, Ihr Vertrauen für seine Zwecke zu missbrauchen, dann wäre das auch eine Erkenntnis, die Sie weiterbringt. Wie Sie mit solchen Kandidaten umgehen, erfahren Sie weiter hinten im Buch unter der Überschrift »Wenn die Kollegen wirklich nicht mitspielen wollen«.

Wann immer wir etwas Neues machen, rebelliert unser Gehirn und will uns davon abhalten, denn wir betreten damit unbekanntes Terrain, in dem Gefahren auf uns lauern könnten. Deshalb ist es vollkommen normal, wenn Sie die ersten Male bei der Anwendung der »5 Ich« ein etwas mulmiges Gefühl haben. Der Erfolg wird Sie dann allerdings darin bestärken, diesen Weg weiter zu gehen. Benutzen Sie dieses Tool am besten nicht direkt bei Ihrem größten »Erzfeind«, sondern zuerst bei einem Kollegen, zu dem Sie eigentlich einen guten Draht haben und bei dem es nur in einem kleinen Punkt eine Differenz gibt.

Weil es mir so wichtig ist, möchte ich es hier noch einmal erwähnen: Geben Sie einem Kollegen immer nur zu einem einzigen, konkreten Punkt Feedback! Krempeln Sie nicht die Ärmel hoch nach dem Motto »Wenn ich schon mal dabei bin, dann kann ich auch komplett reinen Tisch machen!« Die Chancen, dass das gut geht, sind eher gering. Wenn Sie allerdings auf Drama stehen, dann nur zu!

Jetzt haben Sie schon erste Impulse bekommen, wie Sie den Kollegen ermöglichen, Sie durch Ihre eigene Offenheit besser zu verstehen. Und jetzt sind die Kollegen dran! Also nicht so, wie Sie jetzt vielleicht denken ... ach was ... blättern Sie einfach um, da erkläre ich Ihnen genau, was ich meine.

Seien Sie neugierig

Beim »WOW!-Prinzip« geht es nicht nur darum, dass die Kollegen Sie und Ihre Spielregeln besser verstehen, sondern auch darum, dass Sie selbst offen sind für die Weltanschauung der Kollegen.

Vielleicht fragen Sie sich, warum ich extra erwähne, wie wichtig es ist, die Arbeitsgenossen wirklich wahrzunehmen. Sie denken sich: »Einige der Damen und Herren, mit denen ich zu tun habe, sind so was von nervig, die kann man einfach nicht übersehen!« In Wahrheit sind wir so angefressen von den Laberköppen, Wichtigtuern, Weltverbesserern, Faulpelzen, Trödeltanten und was für Spezies wir auch immer um uns haben, dass wir eher weg- als hinschauen. Sobald diese Kollegen nur am Rande unseres Blickfeldes auftauchen, fahren wir die Scheuklappen hoch und denken so was wie: »Oh Mann, der schon wieder!« oder »Ich weiß schon, was die gleich wieder macht!«

Ich kann es sehr gut verstehen, wenn sich in Ihnen Widerstand regt bei meiner Aufforderung, diesen Kollegen mit mehr Offenheit zu begegnen. Das fühlt sich vielleicht an, als würde ich Sie bitten, etwas zu essen, was Sie partout nicht mögen. Ganz so schlimm ist es aber nicht, denn Sie sollen den Kollegen nicht essen, auch wenn Sie ihn manchmal gerne am Spieß grillen würden, sondern nur nachvollziehen, warum er sich so verhält, wie er es tut. Und ja, es kostet Energie und Zeit, andere Menschen zu verstehen, die so ganz anders ticken als wir selbst.

Ein weiterer Grund für unser sehr mäßiges Interesse an anderen Weltsichten, Verhaltensweisen und Spielregeln ist der schon zuvor erwähnte Aspekt, dass wir mit einem steinzeitlichen Gehirn in einer modernen Welt leben. Das archetypische Überlebensmuster »Vermeide möglichst alles Ungewöhnliche!« wirkt immer noch, auch wenn im heutigen Leben das Andersartige zum Alltag gehört und für uns mehr Chance als Gefahr bedeutet. Es ist also ein ganz natürlicher Reflex, ablehnend auf Andersdenkende zu reagieren. Wenn Sie mögen, können Sie das jetzt als Generalentschuldigung verwenden: »Ich kann nichts dafür, dass ich mit dir nicht klarkomme – mein Steinzeitgehirn ist schuld! Bedank dich bei der Evolution, dass ich dich so ätzend behandele!«

Sie könnten diese Erkenntnis aber auch nutzen, um sich bewusst über diesen prähistorischen Reflex hinwegzusetzen und das Gegenteil zu tun, nämlich genauer hinzuschauen, was für ein Mensch sich hinter der speziellen Kollegin oder dem Kollegen verbirgt.

Wenn Sie mehr über steinzeitliche Denkmuster wissen möchten, mit denen wir uns selbst das Leben schwer machen, dann empfehle ich Ihnen mein Buch »Wer es leicht nimmt, hat es leichter – wie wir endlich aufhören, uns selbst im Weg zu stehen«.

Verstehen heißt nicht, recht geben

In meinen Seminaren melden sich an diesem Punkt immer wieder Teilnehmer, die es nicht als sinnvoll erachten, sich für die Sichtweisen eines Andersdenkenden zu interessieren – und schon gar nicht im beruflichen Kontext! Der Grund für diese Zweifel ist die Angst, dass man ja dem anderen recht geben würde, wenn man dessen Perspektive nachvollzieht, und damit hätte man schon »verloren«. Das eine hat jedoch aus meiner Erfahrung nichts mit dem anderen zu tun: Verstehen heißt nicht, recht geben! Verstehen bedeutet, sich bewusst zu machen, dass es noch andere Sichtweisen gibt, die dieselbe Berechtigung haben wie unsere. Zudem sorgen Sie mit einer verständnisvollen Haltung eher dafür, dass sich der Kollege öffnet als bei einer Begegnung in Abwehrhaltung. Damit schaffen Sie wieder ein wenig mehr die Voraussetzungen, um mit den »nervigen« Kollegen in einen Austausch zu kommen und einen besseren, gemeinsamen Weg der Zusammenarbeit zu finden. Sie haben nichts zu verlieren, wenn Sie die Einstellung eines Menschen verstehen lernen, die so ganz anders ist als die Ihre, sondern können eher gewinnen. Sie gewinnen an Erfahrung und erweitern Ihre Perspektive.

Wie unterschiedlich die Wirkung ist, die Sie durch vorhandene oder fehlende Offenheit erzielen können, zeigt das YouTube-Video »Obama vs Trump; Heckler Edition« sehr anschaulich. Hier sind Szenen hintereinander geschnitten, in denen zu sehen ist, wie verschieden die beiden US-Präsidenten auf Zwischenrufer und Demonstranten während ihrer öffentlichen Reden reagieren. Obama antwortet sehr respektvoll und offen. Er sagt Dinge wie: »Ich habe Sie gehört.« oder »Bitte lassen Sie mich meinen Vortrag zu Ende bringen, und dann nehme ich mir Zeit, mit Ihnen zu sprechen.« Alles das äußert er in einem sehr wertschätzenden Tonfall. Trump hingegen wählt statt des »WOW!«- (Wahrnehmung-Offenheit-Wertschätzung) das »AUA!«-Prinzip (Aggression-Unterdrückung-Arroganz). Zwischenrufer lässt er sofort aus dem Saal entfernen und begleitet diese Aktionen mit Sprüchen wie: »Und der Typ grinst auch noch, während er rausgeführt wird. Scheint ihm also gefallen zu haben!«, »Trödeln Sie nicht so, Sie können den Saal auch schneller verlassen!« oder »Früher ist man besser mit solchen Leuten umgegangen, da wurden sie nicht nett rausgeführt, sondern auf eine Trage gebunden und rausbefördert!« Er macht sich sogar darüber lustig, dass einer der von ihm des Saales Verwiesenen einen Turban trägt. Ich empfehle Ihnen, sich dieses Video anzuschauen und sich zu fragen, welchem der beiden Sie selbst eher offen gegenübertreten würden: Obama oder Trump – dem »WOW!-Strategen« oder dem »AUA!-Strategen«?

Sich für andere Ansichten zu interessieren, kann sogar großen Spaß machen. Das Einzige, was Sie dazu aktivieren müssen, ist Ihre Neugier! Wenn ein Kollege sich anders verhält, als Sie es erwarten, holen Sie ihre mentale Agentenausrüstung heraus und gehen Sie auf Spurensuche:

- Wieso hat der gerade so reagiert?
- Was ist kurz vorher passiert?
- Was habe ich direkt davor gesagt oder getan, was vielleicht Auslöser gewesen sein könnte?
- …

Mit dieser von Offenheit geprägten Haltung steuern Sie bewusst Ihrer spontanen, emotionalen Reaktion entgegen, die eher den Graben vertiefen würde, als eine Brücke zu anderen Menschen zu bauen.

Bei aller positiven Neugier für die Welt des Kollegen gibt es eine Falle, in die wir dabei tappen können. Die Erklärung, welche das ist und wie Sie diese umgehen, ist nur eine Seite entfernt.

Sind Sie auch Gedankenleser?

Atemlose Stille im Zuschauerraum, alle Blicke sind auf die Bühne gerichtet. Dort steht ein großer schlanker Mann im schwarzen Rollkragenpullover in mystischem Scheinwerferlicht. Um den Hals trägt er eine Kette mit einem glitzernden Edelstein. Ihm gegenüber eine Dame, die einige Minuten zuvor noch im Zuschauerraum gesessen hat. Der geheimnisvoll wirkende Mann schaut ihr tief in die Augen und dann sagt er mit dunkler Stimme: »Dein erstes Haustier war ein Hund… er hieß Max… und die PIN-Nummer für deine EC-Karte ist 4587!« Fassungslos starrt ihn die Frau an und erwidert tonlos: »Ja! Das… das… stimmt alles! Woher konnten Sie das wissen?«, und sie sackt ohnmächtig zu Boden.

Wie empfinden Sie die Szene? Zu theatralisch? Zu surreal? Finde ich gar nicht, denn Gedankenlesen geschieht täglich Tausende… ach was… Millionen Mal in deutschen Büros. Gut, es fällt nicht immer jemand in Ohnmacht und die Künstler tragen nicht immer schwarze Rollkragenpullover und Amulette um den Hals. Aber ich bin mir sicher, Sie haben unter den Kollegen und Kolleginnen einige Mentalisten. Vielleicht sind Sie sogar selber einer.

»Jetzt ist er total durchgeknallt!«, geht Ihnen vielleicht gerade durch den Kopf. »Selbst wenn ich es könnte, die Gedanken vom Fischedick möchte ich in diesem Moment gar nicht lesen. Vielleicht stecke ich mich sonst noch mit seinem Irrsinn an.«

Ich kann Sie beruhigen, Sie werden meine Metapher gleich begreifen: Bei dem Versuch, unsere Kollegen im Büro zu verstehen, besonders die, deren Verhalten wir nicht nachvollziehen können, besteht die Gefahr, dass wir zu Gedankenlesern werden. Wir orakeln munter drauflos, was sich die Neue aus der Buchhaltung wohl gedacht hat, als sie heute beim Mittagessen früher aufgestanden ist als der Rest, oder warum Dr. Schlüter den Satz: »Sie haben mein Wort, dass Ihre Stellen sicher sind!«, so komisch betont hat und am Ende auch noch die rechte Augenbraue leicht hochgezogen hat.

Es gibt bei diesem »Gedankenlesen« nur einen klitzekleinen Haken: niemand kann wirklich dank mentaler Kraft herausfinden, was ein anderer Mensch denkt. Ich weiß das aus sicherer Quelle. Ihnen ist das bestimmt ebenfalls bewusst, und trotzdem unterstelle ich, dass Sie es immer mal wieder versuchen. Es ist ja auch so schön bequem, denn man muss mit den nervigen Kollegen nicht in Kontakt treten, sondern kann einfach eine Ferndiagnose stellen. Besonders beliebt sind deshalb auch Bücher zum Thema »Körpersprache«, speziell die von ehemaligen FBI-Agenten, die vollmundig versprechen, Insiderwissen zu verraten, mit dessen Hilfe man durch eine Analyse von Mimik und Gestik genau erfährt, was ein Mensch denkt! Bei vielem, was ich zum Thema Körpersprache lese oder von sogenannten Experten höre, rollen sich mir die Fußnägel hoch, die Nackenhaare stellen sich auf und mein Blutdruck steigt. (Haben Sie bemerkt, dass ich hier eine »Ich-Botschaft« verwendet habe? Es ist meine persönliche Meinung, die keinen Anspruch auf Allgemeingültigkeit hat.)

Die proklamierten Tipps hören sich simpel an und scheinen leicht anwendbar. Vielleicht kennen Sie den folgenden Klassiker:

»Verschränkt Ihr Gegenüber seine Arme vor der Brust, dann bedeutet das Abwehr!«

Und schon notieren sich viele in ihr Vokabelheft »Deutsch-Körpersprache/Körpersprache-Deutsch«: »Arme verschränken heißt Abwehr!«

Warum ich etwas dagegen habe? Weil Körpersprache verstehen in meinen Augen nichts mit Vokabeln lernen zu tun hat. Jede einzelne Geste kann je nach Kontext eine ganz andere Ursache haben und damit auch etwas anderes bedeuten. Bleiben wir beim Beispiel »Arme verschränken«. Kreuzen wir wirklich nur dann unsere oberen Extremitäten vor dem Körper, wenn wir in Abwehrhaltung gehen? Mir fallen einige andere Gründe dafür ein: Wir tun dies, weil …

… uns kalt ist.

… es bequem ist.

… wir unsicher sind.

… wir einen Fleck auf unserer Kleidung haben, den wir verstecken möchten.

… Sie als Dame es hassen, wenn Ihnen jemand auf den Busen starrt.

… Sie eine große Oberweite haben und es eine Entlastung für Ihren Rücken ist, Ihren Busen mit den gekreuzten Armen abzustützen.

Et cetera

Beim letzten Punkt haben Sie vielleicht gelächelt, es ist aber durchaus ernst gemeint – es stammt von einer meiner Seminarteilnehmerinnen.

Sie sehen also, dass wir gar nicht unbedingt wissen können, warum ein Kollege die eine oder andere Geste macht. Hören wir nun aber auf diejenigen Fachleute, die behaupten, dass jedes körpersprachliche Signal eine feste Ursache und damit auch eine eindeutige Bedeutung hat, tun wir unserem Gegenüber unrecht. Wir glauben, sein Verhalten ganz objektiv wahrzunehmen, dabei bewerten wir es subjektiv. Und jetzt wird es so richtig interessant: Uns fällt oft gar nicht auf, dass wir die Körpersprache von anderen falsch interpretieren, da wir unbewusst selbst »Beweise« dafür schaffen, dass wir mit unserer Einschätzung recht hatten. Nehmen Sie an, dieser eine Kollege, den Sie eh nicht riechen können, verschränkt die Arme, während Sie mit ihm sprechen. In Ihrem mentalen Vokabelheft für Körpersprache steht: »Arme verschränken heißt Abwehr!« Die Lage ist also in Ihren Augen eindeutig: Der Kollege hat was gegen Sie! Dem werden Sie es aber zeigen, bloß nichts gefallen lassen! Und schon ziehen Sie härtere Saiten auf und gehen ihn an. Selbst wenn er bis zu diesem Augenblick keine abwehrende innere Haltung Ihnen gegenüber hatte, sondern die Arme einfach aus Bequemlichkeit verschränkt hielt, führt Ihr Verhalten jetzt dazu, dass er sich zur Wehr setzt und tatsächlich zu einer aggressiven Haltung übergeht. Und Sie denken: Wusste ich es doch, der hat was gegen mich. Unbewusst machen Sie in Ihrem mentalen Vokabelheft ein Häkchen an die Bedeutung von verschränkten Armen in dem Glauben, dass Sie eben den Beweis dafür bekommen haben, dass die Interpretation stimmt. In Wahrheit haben Sie die abwehrende Haltung selbst provoziert.

Weitere Mythen der »eindeutigen« Interpretation von Körpersprache sind zum Beispiel:

> Wenn Ihr Gegenüber die Beine übereinanderschlägt und dabei das obere Bein auf die von Ihnen abgewandte Seite zeigt, dann findet er oder sie Sie unsympathisch.

Die Wahrheit ist: Der Großteil aller Menschen schlägt die Beine fast immer auf dieselbe Art übereinander – aus Gewohnheit. Das heißt: Am Überschlagen der Beine können Sie nicht erkennen, ob jemand Sie mag oder nicht.

> Wenn dieser »unfähige« Kollege mit Ihnen spricht und Ihnen dabei nicht in die Augen schaut, dann lügt er!

Die Wahrheit ist: Es kann viele Gründe geben, warum er den Blick senkt oder an Ihnen vorbeischaut. Vielleicht ist er schüchtern, unsicher, denkt intensiv nach, hat etwas Interessantes neben oder hinter Ihnen entdeckt, das Licht blendet ihn, er hat Kopfschmerzen oder ein Augenleiden. Auch hier gilt: Weggucken heißt nicht automatisch lügen.

Wenn Ihnen die »faule« Kollegin gegenübersteht und ihre Fußspitzen in Richtung Tür zeigen, dann will sie schnell weg von Ihnen.

Die Wahrheit: Auch hier können die Ursachen für die Fußstellung vielfältig sein. Möglicherweise hat sie X-Beine, ein Hüftleiden, unbequeme Schuhe, findet die Haltung angenehm oder hat einen ganz anderen Grund, warum ihre Füße so stehen, wie sie stehen.

Ein Seminarteilnehmer sagte einmal in diesem Zusammenhang: »Aber wenn Körpersignale nicht eindeutig sind, dann kann ich mich doch auf gar nichts mehr verlassen!« Ja, das stimmt, und deshalb sollten Sie Ihre Interpretation des Verhaltens eines anderen nicht als die Wahrheit nehmen, sondern sich bewusst sein, dass Sie gerade subjektiv bewerten.

Selbst Körpersprache-Profis können nie zu 100 Prozent sagen, was gerade in einem Menschen vorgeht. Es gibt zum Beispiel viele Bücher zum Thema »Lügen erkennen«, in denen darauf eingegangen wird, an welchen unbewussten Signalen man angeblich einen Menschen entlarvt, der die Unwahrheit sagt. Die seriöseren Autoren sind sich alle einig: Man kann anhand der Körpersprache nicht eindeutig ablesen, ob jemand lügt. Schon gar nicht an einzelnen Gesten! Erst die Analyse komplexerer Verhaltensmuster, die wiederkehrend sind, ermöglicht es den Profis, eine Tendenz auszumachen, wie ehrlich das Gegenüber ist. Wohlgemerkt nur eine Tendenz! Deswegen bin ich ein Feind dieser »schnellen Tipps« zum Deuten der Körpersprache, die so verdammt verführerisch einfach sind – aber in meinen Augen zu oberflächlich und damit falsch.

Wenn Sie sich fundiert mit der Bedeutung von Mimik und Gestik befassen möchten, dann lege ich Ihnen Stefan Verra ans Herz. Er ist für mich aktuell der beste Körpersprache-Experte im deutschsprachigen Raum. Er liebt es zudem genauso wie ich, Wissen locker und unterhaltsam zu vermitteln – auch das macht ihn mir sehr sympathisch.

Und wie finden Sie nun heraus, was der Kollege denkt, wenn nicht durch Gedankenlesen oder die Interpretation der Körpersprache? Die Antwort wartet auf der nächsten Seite.

Eine Frage der Frage

Die Überschrift hat es schon verraten: um zu erfahren, was ein Kollege denkt, und um zu verstehen, wie er die Welt sieht, brauchen Sie einfach nur zu fragen. Die Wahrscheinlichkeit, dass Sie dadurch sein Handeln besser nachvollziehen können, ist um einiges höher, als jeder Versuch als Gedankenleser.

Ich gebe zu, mit »einfach nur fragen« ist es nicht getan. Es kommt auf die richtige Haltung und die daraus resultierenden Fragen an. Ich höre immer wieder von Seminarteilnehmern und Coachingklienten, dass ihnen bewusst sei, dass sie sich gerade für die Kollegen interessieren sollten, mit denen sie nicht so gut klarkommen, und mehr fragen müssten. Das hätten sie auch schon mehrfach versucht, aber nur mit mäßigem Erfolg – manchmal habe sich durch das Fragen die Situation sogar verschlimmert. Das kann daran liegen, dass die Haltung, aus der heraus gefragt wurde, nicht besonders förderlich war. Hier ein paar Beispiele für kontraproduktive Rollen, die Sie nicht einnehmen sollten, wenn Sie einen besseren Kontakt zu Ihren Kollegen herstellen wollen:

»Der Quizmaster«

Er fragt nicht aus Interesse, sondern er fragt ab.

In seinem Kopf hat er die Antwort, die er hören will, schon parat, und wenn diese nicht kommt, dann gibt es je nach Spielregel des »Quizmasters« für den Kollegen Minuspunkte oder zumindest keine Pluspunkte. Was hinter der unerwarteten Antwort des »dummen Bürogenossen« steckt, interessiert ihn nicht.

»Der Richter«

Er fragt nicht aus Interesse, sondern er verhört.

Die Kollegen werden von ihm in die Mangel genommen und durchleuchtet. Kann der andere nicht sofort schlüssig und plausibel seinen Standpunkt vertreten, wird er als »unfähig« verurteilt. Um sich auf den anderen einzulassen fehlt diesen »Richtern« die Zeit, da sie ja am selben Tag noch viele andere wichtige Urteile zu fällen haben.

»Der Manipulator«

Er fragt nicht aus Interesse, sondern er beeinflusst.

Er gibt sich nach außen als offen, tolerant und respektvoll, in Wahrheit nutzt er aber seine Fragen, um andere in die Richtung zu lenken, die er für richtig hält. Eine typische manipulative Frage könnte sein: »Du findest meine Idee doch auch die bessere, oder? Nur ein Idiot würde eine andere Entscheidung fällen.«

»Der Psychotherapeut«

Er fragt nicht aus Interesse, sondern er therapiert.

Mit seinen Fragen will er die Psyche des Kollegen analysieren, um ihm dann zu erklären, was seine Probleme sind und wie er sie am besten löst. Er meint es vielleicht gut, stellt sich mit seiner Haltung aber über den Befragten.

Auch wenn ich hier nur die männliche Form benutze, sind mir alle Rollen schon in männlicher und weiblicher Gestalt begegnet. Ich unterstelle, dass niemand bewusst dem anderen etwas Böses will, wenn er oder sie aus einer der oben genannten Haltungen heraus fragt. Doch so kommen Sie nicht ans Ziel. – Wenn es denn Ihr Ziel ist, das Verhältnis zu den Kollegen zu verbessern.

Selbstreflexion »Aus welcher Haltung frage ich?«

Wir sind ja unter uns: Hand aufs Herz, in welche der Rollen rutschen Sie ab und zu? Auch wenn Sie spontan denken: »Iiiiich? Ich würde mich niemals so verhalten!«, nehmen Sie sich einen Moment Zeit und fragen Sie sich, wie ein Außenstehender Ihr Verhalten beurteilen würde. In welcher der Rollen sieht er Sie? Diese kleine Selbstreflexion lohnt sich, denn sie macht Ihnen bewusst, an welchen essenziellen Stellschrauben Sie drehen können, um »besser« zu fragen.

Wie sehe ich denn nun die ideale Haltung, aus der heraus Sie Kollegen nach Ihrer Sicht, Ihren »Spielregeln« befragen sollten? Hier kommt meine Definition:

> #### »Der interessierte Kollege«
> *Sie fragen aus echtem Interesse.*
> *Sie wollen wirklich das Verhalten Ihres Kollegen verstehen. Sie sind sich bewusst, dass es nicht die eine einzig wahre Weltsicht gibt, dass es nicht den einen einzig richtigen Weg der Zusammenarbeit gibt – dadurch sind Sie unvoreingenommen, wenn Sie Fragen stellen. Sie lassen dem anderen Zeit, seine Antworten zu finden und zu formulieren, und fragen freundlich nach, wenn Sie etwas noch nicht verstanden haben.*

Auch wenn Sie es vielleicht für unrealistisch halten: Es ist möglich, sich so zu verhalten – auch bei den »schweren Fällen«. Es ist nicht nur möglich, sondern in meinen Augen auch sinnvoll.

Mir war es wichtig, mit Ihnen zunächst über die Grundhaltung beim Fragen nachzudenken, bevor ich gleich zu konkreten Fragetechniken komme. Ihre innere Einstellung ist deshalb so relevant, da sie darüber entscheidet, ob eine Frage zu einem liebevollen Kuss wird oder zu einem spitzen Dolch. Keine Sorge, es gibt auch noch Abstufungen dazwischen, falls es Sie gerade schaudert bei der Vorstellung, gewisse Kollegen verbal küssen zu sollen. Die Frage »Warum hast du das gemacht?« in hoher Lautstärke, mit scharfem Unterton und in die Hüften gestützten Händen hat eine andere Wirkung, als dieselbe Frage mit ruhiger Stimme, einem interessierten Unterton und einer Hand auf dem Rücken des anderen. Jede der Fragearten, die ich Ihnen gleich vorstelle, verliert ihre positive Wirkung, wenn Sie diese nicht aus einer offenen, interessierten inneren Haltung heraus stellen.

Wir befinden uns ja gerade beim »O« wie Offenheit im »WOW!-Prinzip«, deshalb lassen Sie uns mit einem Blick darauf beginnen, wie viel Offenheit Ihre Art zu fragen dem anderen erlaubt. Grundsätzlich kann man Fragen nach drei Offenheitsgraden unterscheiden:

Geschlossene Fragen

> »Hast du das gerade gemacht, um mich zu ärgern?«

Diese Fragen lassen als Antwort zunächst nur ein »Ja« oder »Nein« zu. Typisch ist das Verb am Satzanfang:
   »Hast du ...?«
   »Bist du ...?«
   »Kannst du ...?«
   »Brauchst du ...?«
   ...

Wenn Sie so fragen, haben Sie eine vorgefertigte Meinung und wollen sie überprüfen. Diese Frageart ist wenig einladend für Ihr Gegenüber, seine Sicht der Dinge zu erklären.

Eine extreme Variante sind sogenannte »Suggestivfragen«. Sie beginnen mit Formulierungen wie:
    »Du findest doch auch, dass ...?«
    »Du stimmst mir doch zu, dass ...?«
    »Wir sind uns doch einig, dass ...?«
    »Dir ist doch klar, dass ...?«
    »Du willst doch sicher auch nicht, dass ...?«

Hier wird der Eindruck erweckt, dass der andere zumindest die Wahl hat, sich zwischen »Ja« und »Nein« zu entscheiden, durch die Art der Frage wird aber versucht, ihn so zu beeinflussen, dass er dem Fragenden zustimmt. Wenn Sie so fragen, sind Sie der zuvor beschriebene »Manipulator« und haben kein ernsthaftes Interesse an der Sichtweise des Kollegen.

Alternativfragen

»Hast du das gerade gemacht, um mich zu ärgern, oder weil du es nicht besser wusstest oder weil du einfach nur dumm bist?«

Hier geben Sie Ihrem Gegenüber immerhin eine etwas größere Auswahl an Antwortmöglichkeiten. Allerdings stellen Sie ihm oder ihr nur Optionen zur Auswahl, die in Ihrer subjektiven Vorstellung möglich sind, und die ist, wie bei jedem von uns, sehr beschränkt.

Offene Fragen

Wenn Sie so fragen, zeigen Sie Ihrem Kollegen die größtmögliche Offenheit – solange Ihre innere Haltung dabei stimmt (siehe »Der interessierte Kollege«).

Hier einige weitere Beispiele für Fragen mit großer Offenheit, bei denen es wirklich darum geht, den anderen zu verstehen. Sie fangen immer mit einem »W«-Fragewort an:

»Was ist dir bei diesem Projekt wirklich wichtig?«

»Wie bist du zu deiner Entscheidung gekommen?«

»Worauf bezog sich deine Reaktion eben?«

»Was waren deine Gedanken, als du das gerade getan hast?«

»Weshalb ist es dir wichtig, dass wir deinen Weg gehen?«

»Worauf basiert deine Aussage?«

»Was hat dazu geführt, dass du dich eben so verhalten hast?«

»Wie habe ich eben auf dich gewirkt?«

»Wo warst du vorhin mit deinen Gedanken?«

»Wann hast du deine Meinung geändert?«

»Was genau stört dich an der Situation?«

»Wozu hast du dieses Meeting arrangiert?«

...

Bei den Beispielen fehlt ganz bewusst das Fragewort »Warum«, da die Erfahrung gezeigt hat, dass es leicht als Vorwurf oder Anklage empfunden wird.

Selbstreflexion »Wie frage ich?«

- Welche Art von Fragen verwenden Sie bisher im Umgang mit »speziellen« Kollegen?
- Wie offen sind Sie ihnen gegenüber wirklich?

Wie könnten Sie in Zukunft anders fragen, um noch offener zu sein und damit die Chancen zu steigern, einen besseren Zugang zu Ihrem Gegenüber zu bekommen?

Im Folgenden geht es nun darum, wie Sie Ihre Beobachtungen und Wahrnehmungen so mit Fragen kombinieren, dass es Sie im Umgang mit Ihren Kollegen weiterbringt.

Das weiße Blatt

Wir alle legen über unsere Kollegen mentale Akten an. Die Mitstreiter, die wir mögen, haben viele positive Einträge in unserem geistigen Archiv, in großzügig geschwungener Schrift, manche davon sind sogar mit Herzchen, Blümchen und Smileys verziert. Die Kollegen, die uns gehörig auf die Nerven gehen, haben auch eine dicke Akte bei uns, hier sind die Seiten so eng beschrieben, dass kaum noch das ursprüngliche Weiß des Papiers zu sehen ist. Als Verzierung wählen wir dann gerne Dolche, Bomben und Totenköpfe.

Wenn Sie sich wirklich für die Sicht eines Kollegen interessieren wollen – Sie wissen ja: »Verstehen heißt nicht, recht geben« –, dann sind diese Archiveinträge hinderlich. Solange die Akte des »Delinquenten« aufgeschlagen vor unserem geistigen Auge liegt, schielen wir immer wieder dorthin und können uns nicht hundertprozentig auf die Schilderungen des anderen einlassen.

Deshalb mein Tipp: Schließen Sie Ihre selbst angelegten Archivdokumente bei jeglichem Gespräch, in dem es darum gehen soll, die Spielregeln eines anderen zu verstehen. Legen Sie ein leeres weißes Blatt auf Ihren geistigen Schreibtisch und notieren Sie dort wirklich nur das, was der Kollege Ihnen sagt. Wann immer Ihnen etwas nicht klar ist, interpretieren Sie nicht selbst, sondern fragen Sie nach:

»Wie genau meinst du das?«

»Auf welche konkreten Situationen beziehst du dich?«

»Welche Beispiele fallen dir dazu ein?«

Je konkreter und sachlicher Sie auf die Situationen eingehen, die Sie im Umgang mit Ihrem »Spezi« nicht verstanden haben, desto besser. Das könnte so aussehen:

»Als ich dich eben gefragt habe, ob du mit deinen Aufgaben fertig bist, hast du die Arme verschränkt und deine

Augen zusammengekniffen. Ich würde gerne verstehen, was das bedeutet.«

Auch hier macht es einen entscheidenden Unterschied, ob der erste Teil tatsächlich die Beschreibung einer Beobachtung ist oder darin schon eine Wertung enthalten ist.

Beobachtungen sorgen für weniger Zündstoff als Bewertungen

Je genauer Sie das von Ihnen wahrgenommene Verhalten, das Sie verärgert, irritiert oder genervt hat, beschreiben, desto leichter kann Ihr Gegenüber nachvollziehen, was Sie meinen. Zur Verdeutlichung hier einige Beispiele:

Wertung ohne Beschreibung einer konkreten Beobachtung:

»Vorhin warst du total genervt. Mich interessiert, weshalb du so reagiert hast.«

Beschreibung einer konkreten Beobachtung *ohne* Wertung:

»Als ich dich heute Morgen um die Unterlagen gebeten habe, hast du die Augen verdreht und hörbar ausgeatmet. Mich interessiert, weshalb du so reagiert hast.«

In der zweiten Variante wird ganz konkret und sachlich erklärt, auf welche Situation Bezug genommen wird. Mimik und Gestik des anderen werden nicht als »genervt« bewertet wie in der ersten Version, sondern bildhaft nacherzählt.

Wertung ohne Beschreibung einer konkreten Beobachtung:

»Du bist so aggressiv, wenn ich dir mal was sage. Wie kommt das?«

Beschreibung einer konkreten Beobachtung *ohne* Wertung:

»Als ich dir gestern nach dem Meeting gesagt habe, dass ich es besser fände, wenn du mich das nächste Mal direkt anrufst, hast du die Arme verschränkt und bist lauter geworden. Wie kam das?«

Das Wort »mal« ist immer subjektiv und damit wertend. Die Formulierung ohne Wertung dagegen bezieht sich auf eine konkrete Situation, über die leichter gesprochen werden kann. Auch das Verhalten des Kollegen wird nachvollziehbar und neutral dargestellt und nicht wie zuvor als »aggressiv« einer Wertung unterzogen.

TIPP:

Um eine Situation möglichst neutral zu beschreiben, hilft es in einigen Fällen, auf Unterschiede einzugehen. Zum Beispiel:

»… und dann hast du lauter gesprochen als vorher!«

anstelle von

»… und dann hast du rumgeschrien!«.

Jeder von uns hat ein anderes Maß, ab wann er etwas als Schreien empfindet und wann es einfach nur laut gesprochen ist. Unterschiede sind aber für jeden wahrnehmbar und gehören damit zu den neutralen Formulierungen.

Weitere Beispiele:

»Als ich das Thema gewechselt habe, hast du schneller als vorher deine Unterlagen eingepackt.«

anstelle von

»Und plötzlich bist du total hektisch geworden.«

»Seit der Systemumstellung vor drei Wochen lieferst du deine Unterlagen später als sonst ab.«

anstelle von

»Seit einiger Zeit trödelst du total mit der Abgabe deiner Unterlagen.«

»Du meldest dich seit einem halben Jahr seltener bei der Vergabe von Sonderprojekten.«

anstelle von

»Seit Ewigkeiten übernimmst du keine Verantwortung mehr.«

Wertung ohne Beschreibung einer konkreten Beobachtung:

»Du versteckst immer deine Unterlagen vor mir! Was hat dazu geführt?«

Beschreibung einer konkreten Beobachtung *ohne* Wertung:

»Als ich am Mittwoch ins Büro gekommen bin, hast du mich angeschaut und dann die Dokumente, die auf deinem Schreibtisch lagen, mit der beschriebenen Seite nach unten gedreht. Was hat dazu geführt?«

Auch hier ist die zweite Version wesentlich konkreter und damit greifbarer. Wenn Sie Situationen derart faktisch beschreiben, reduzieren Sie zudem Diskussionen darüber, ob etwas nun so stattgefunden hat oder nicht.

TIPP:

In Variante eins wurde das Wort »immer« verwendet. Solche Verallgemeinerungen sind kontraproduktiv, wenn Sie erreichen möchten, dass sich Ihr Gegenüber öffnet. Sie sind zum einen unkonkret, wodurch es schwieriger wird, den Punkt zu klären, zum anderen sind Verallgemeinerungen meist Übertreibungen. Fast niemand ist wirklich »immer« zu spät, das heißt bei jedem Meeting und an jedem Morgen. Es wird auch selten so sein, dass ein Kollege andere tatsächlich »nie« ausreden lässt, es gibt sicher Ausnahmen ... und sei es, weil der Betreffende eine Kehlkopfentzündung hat und deshalb nicht sprechen kann. Generalisierungen werden von Ihren Kollegen sehr wahrscheinlich als ungerecht empfunden, und sie werden mit Abwehr reagieren oder sich zumindest nicht auf ein offenes Gespräch einlassen.

Beispiele für Verallgemeinerungen:

immer

nie

ständig

(an)dauernd

fortwährend

überall

gar nicht

…

Wenn Sie nach einer solchen wirklich sachlichen Beschreibung Ihrer Wahrnehmung den Kollegen um eine Erklärung bitten, und dies in einem wertschätzenden Ton tun, wird er vielleicht kurz überlegen müssen, Ihnen aber dann meist sein Verhalten erklären. Stellen Sie die Frage dagegen in einem vorwurfsvollen Ton und formulieren Sie sie in Form einer Bewertung, sorgen Sie eher für Verschlossenheit oder sogar Widerstand bei Ihrem Gegenüber.

Hypothesen sind nicht die Wahrheit

Vielleicht denken Sie jetzt, dass Sie doch eh wissen, wie Ihre »speziellen Freunde« ticken und Sie gar keine Verständnisfragen zu stellen brauchen. Denken Sie an das »weiße Blatt«! Zudem schadet es nie, die Hypothesen zu überprüfen, die Sie in Bezug auf das Verhalten eines anderen Menschen haben. Es sind nur Hypothesen! Wörtlich übersetzt bedeutet dieser aus dem Altgriechischen stammende Begriff »Unterstellung« … und nicht »Wahrheit«. Sie werden überrascht sein, wie oft wir mit unseren Einschätzungen danebenliegen. Auch ich schließe mich als erfahrener Coach da nicht aus. Deshalb versuche ich so oft wie möglich, in einer fragenden Haltung zu bleiben und mich nicht auf meinen ersten Eindruck zu versteifen. Steve de Shazer, einer der Urväter des modernen Coachings, soll einmal gesagt haben: »Wenn du eine Hypothese hast, dann nimm eine Aspirin, setz dich in eine Ecke und warte, bis der Anfall vorbei ist.«

Angenommen, Sie haben eine wirklich interessierte Haltung eingenommen und einem Ihrer »besonderen« Bürogenossen eine offene Frage gestellt, um ihn besser zu verstehen. Wie geht es weiter? Auf der nächsten Seite geht es weiter.

Hirnschach

Wenn Sie Ihrem Kollegen mit Offenheit begegnet sind, indem Sie ihm ein offenes Feedback gegeben und zudem Interesse für seine Sicht der Dinge gezeigt haben, dann stellen Sie sich jetzt auf keinen Fall selbst ein Bein und spielen Hirnschach.

» Was zum Teufel ist Hirnschach und warum ist das verboten? Vorhin hat der Fischedick doch noch geschrieben, dass man spielerischer mit den Kollegen umgehen soll!«, höre ich einige von Ihnen jetzt förmlich denken. Ein Blick in mein persönliches Lexikon namens »Fischipedia« verrät Ihnen, was ich meine:

Hirnschach (Deutsch)
Substantiv, n

Worttrennung:
Hirn-schach

Aussprache:
[hɪʁnʃaχ]

Bedeutung:
Denksportart, die Menschen in Gesprächen betreiben. Dabei stellt der Hirnschachspieler (H) einem anderen Menschen (M) eine Frage. Während M auf die Frage von H antwortet, entwickelt H verschiedene Strategien, welche Frage er als Nächstes stellen könnte oder wie er antworten könnte, je nachdem, wie M antwortet. Je professioneller H ist, desto mehr Spielzüge und Varianten denkt er voraus.

Gehören Sie zu den Hirnschachspielern? Ich begegne immer wieder welchen. Gerade unter Führungskräften ist dieser Sport sehr verbreitet. Grundsätzlich finde ich es sinnvoll vorauszudenken. Im zwischenmenschlichen Bereich hat es allerdings auch große Nachteile, denn wenn Sie überlegen, was Sie als Nächstes sagen oder fragen werden, während Ihr

Kollege spricht, können Sie nicht richtig zuhören. Das Argument »Multitasking« zählt leider nicht, denn es ist ein Mythos, dass wir uns gleichzeitig gut auf verschiedene Dinge konzentrieren können. Wenn wir »multitasken«, dann wechseln wir in einem schnellen Tempo mit unserem Fokus zwischen verschiedenen Tätigkeiten hin und her. Das heißt, wir schenken (im besten Fall) in der einen Sekunde unserem Kollegen die volle Aufmerksamkeit, in der nächsten denken wir darüber nach, was wir gleich sagen werden, und so weiter. In der Zeit, in der wir über unseren nächsten »Schachzug« grübeln, hören wir nicht mehr richtig zu. Wir reimen uns dann unbewusst aus den Fragmenten, die wir mitbekommen haben, zusammen, was er oder sie denn wohl gerade gesagt haben könnte. Oft funktioniert das, nur leider übersehen wir auch häufig entscheidende Details. Zum guten Zuhören gehört es nicht nur, die gesagten Worte wahrzunehmen, sondern auch, den anderen anzuschauen, seine Mimik und Gestik aufzunehmen, das Gesagte zu dem in Verhältnis zu setzen, was man zuvor gehört und gesagt hat et cetera. All das nimmt einen Großteil Ihrer Aufmerksamkeit in Anspruch.

Neulich nahm ich an einem Gespräch teil, das eine Führungskraft mit einem Mitarbeiter führte. Nennen wir die beiden zur Anonymisierung Herr Müller und Herr Schneider. Ich begleite das Unternehmen schon seit einer Weile und habe Herrn Müller immer als einen sehr engagierten Mann erlebt, der hohe Ziele hat und es versteht, das Team zu motivieren. Der junge Manager ist sehr darum bemüht, individuell auf jeden einzelnen Mitarbeiter einzugehen. Das war auch der Grund für das Gespräch mit Herrn Schneider: Der Mitarbeiter hatte einen neuen Kollegen eingearbeitet, und dabei gab es anscheinend Differenzen. Herr Müller hatte mir im Vorfeld gesagt, dass es sein Ziel sei, die Sichtweise seines Mitarbeiters zu erfragen und dann mit ihm zu besprechen, wie Einarbeitungen in Zukunft aussehen könnten, damit alle Beteiligten zufrieden seien.

Soweit der Plan. Schon zu Beginn erklärte Herr Schneider, dass er sich bei der Einarbeitung ungerecht behandelt gefühlt habe, da ihm Informationen vorenthalten worden seien, was dazu geführt habe, dass er dem neuen Mitarbeiter unwissentlich falsche Dinge erklärt hatte. Die Situation habe ihn sehr getroffen, da es ihm äußerst wichtig sei, keine Fehler zu machen und vertrauenswürdig zu sein. Aus diesem Grund lehne er es ab, in nächster Zeit weitere Einarbeitungen zu übernehmen. Während dieser Ausführungen sah ich den Kopf von Herrn Müller nicken und hörte dessen Stimmbänder ein bestätigendes »Hmmm-Hmmm« produzieren. Bei dem Blick in die Augen des Managers hatte ich aber das Gefühl, dass sein Fokus gerade nicht auf seinem Mitarbeiter lag. Ich hielt mich, wie vorher mit ihm besprochen, im Hintergrund, notierte aber in meinem geistigen Notizbuch: »Hypothese: spielt Hirnschach«. Das Gespräch nahm seinen Lauf mit weiteren Ausführungen von Herrn Schneider und weiterem Nicken mit begleitendem »Hmmm-Hmmm« von Herrn Müller. Am Ende fasste Herr Müller das Gespräch zusammen und äußerte seine Zuversicht, dass man in Zukunft noch besser zusammenarbeiten werde. Er werde Herrn Schneider in den kommenden Tagen den Namen des nächsten neuen Mitarbeiters nennen, den er einarbeiten solle. Herr Schneider schluckte kurz und verabschiedete sich dann. Der junge Manager und ich blieben allein im Besprechungsraum zurück.

Herr Müller atmete hörbar aus und sagte: »Bin ich froh, dass die Sache geklärt ist. Lief doch eigentlich ganz gut, oder?« Ich fragte Ihn, weshalb er gar nicht darauf eingegangen sei, dass Herr Schneider in nächster Zeit keine Einarbeitung mehr übernehmen wolle, und ihm am Ende einen neuen Schützling angekündigt habe. Herr Müller wurde blass. Er hatte diesen Teil nicht gehört, und Herr Schneider war so respektvoll und zurückhaltend, seinen überhörten Standpunkt nicht noch einmal zu wiederholen. Wahrscheinlich war er davon ausgegangen, dass sein Chef keine Widerworte dulde. Doch genau das Gegenteil war der Fall, Herr Müller wollte ja gerade eine Lösung finden, die auch für Herrn Schneider passend war.

Ich stellte dem von sich selbst schockierten Manager meine Hypothese vor, dass ich vermute, er habe während des Gespräches »Hirnschach« gespielt, und erklärte ihm, was genau ich damit meinte. Er nickte bestätigend. Genau das hatte er vor allem am Anfang getan. Er war im Kopf verschiedene Szenarien durchgegangen, wie er das Gespräch zu einem guten Ende bringen könnte. Alles aus guter Absicht, allerdings mit weniger guten Folgen. Er hat dann im Nachgang die Sache Herrn Schneider gegenüber aufgeklärt, sich entschuldigt und natürlich musste dieser erst mal keine neuen Kollegen an die Arbeit heranführen.

Was ich mit Herrn Müller erlebt habe, das kenne ich auch aus vielen andern Situationen und Erzählungen. Es ist selten böse gemeint, vielmehr spielen wir »Hirnschach« aus der Angst heraus, das Gespräch vor die Wand zu fahren oder nicht weiterzuwissen. Wie Sie mit dieser Sorge anders umgehen können, lesen Sie in wenigen Augenblicken.

Vertrauen gewinnt

Absolute Offenheit im Gespräch mit einem Kollegen, den man am liebsten zum Teufel wünschen würde, bedeutet, sich auf unbekanntes Terrain zu begeben, und dazu bedarf es vor allem einer Sache: Vertrauen. Was wissen wir denn schon, was uns in der Gedankenwelt des anderen erwartet? Können wir sicher sein, dass das Gespräch ein gutes Ende nehmen wird?

»Vertrauen ist ein wichtiges Schmiermittel sozialer Systeme«, sagt der Ökonom und Nobelpreisträger Kenneth Arrow. »Ohne Vertrauen gibt es keine Marktwirtschaft«, ist sich der Wirtschaftsforscher Ernst Fehr sicher. »Vertrauen ist der Anfang von allem«, war Mitte der 1990er-Jahre der Slogan der Deutschen Bank, und sie warb mit einer Kinderhand, die sich vertrauensvoll in die der Mutter schmiegte. Ohne Vertrauen wäre so vieles nicht möglich: keine Familie, kein Kauf auf Rechnung, kein Bahn- oder Flugverkehr, kein Straßenverkehr, keine Operationen, kein Fallschirmsprung und auch keine Zusammenarbeit. Erst durch Vertrauen werden stabile Bindungen möglich. Wenn wir so mutig sind loszulassen und darauf vertrauen, dass das Gespräch mit dem herausfordernden Kollegen einen guten Verlauf nehmen wird, dass uns die richtigen Worte über die Lippen kommen werden, auch wenn wir noch keinen blassen Schimmer haben, was unser Gegenüber gleich sagen wird – nur dann erhöhen wir die Chancen, die Beziehung zu unserem Kollegen zu verbessern und uns damit die Zusammenarbeit zu erleichtern.

Zu Beginn dieses Buches habe ich geschrieben, dass wir alle »drogenabhängig« sind, da wir uns nach den Glückshormonen sehnen, die immer dann ausgeschüttet werden, wenn wir ein Aha-Erlebnis hatten oder Dinge getan haben, die uns Spaß machen. Es gibt noch ein weiteres körpereigenes Suchtmittel, auf das wir versessen sind und das wir unter anderem dann als Belohnung bekommen, wenn wir vertrauen. Die Zauberdroge nennt sich Oxytocin. Der Name stammt vom Altgriechischen »okys tokos«, was so viel bedeutet wie »schnelle Geburt«. Genau das ist nämlich eine andere natürliche Aufgabe des Hormons: Es löst Wehen aus, wird aber ebenso beim Stillen ausgeschüttet. Der Freiburger Psychologe Markus Heinrichs ist einer der Pioniere der Oxytocinforschung am Menschen. »Wir vermuten, dass Oxytocin die Aufmerksamkeit für soziale Reize verstärkt«, sagt der Wissenschaftler. »Dass es gleichzeitig Stress reduziert, das Belohnungssystem aktiviert und so die Bereitschaft erhöht, sich anderen zu nähern.« Es könnte so etwas wie ein Elixier des Miteinanders sein. In den Studien des Wissenschaftlers wird es den Probanden in Form von Nasenspray künstlich zugeführt, um ihr Vertrauen zu steigern.

Sie selbst, liebe Leserin, lieber Leser, können den umgekehrten Weg gehen: Vertrauen Sie den Kollegen und ihr Körper produziert frei Haus Oxytocin. Sie belohnen sich also selbst. Umgangssprachlich wird der Stoff auch »Kuschelhormon« genannt. So weit müssen Sie mit den Kollegen ja nicht unbedingt gehen. – Wobei eine Kuschelattacke sicher auch ein gutes Überraschungsmoment wäre, das Sie ausnutzen könnten.

Die Wunderdroge hat aber noch mehr positive Wirkungen: Sie stärkt das Immunsystem und wirkt sich förderlich auf die Lernbereitschaft aus. Sie kommen also auch auf bessere Lösungsansätze für das Miteinander, wenn Sie vertrauen.

Dass wir uns bei Gesprächen nicht wirklich auf unser Gegenüber einlassen, hat neben mangelndem Vertrauen auch mit fehlendem Selbstvertrauen zu tun: Fallen uns die richtigen Worte ein? Werden wir richtig reagieren?

Auch wenn es sich vielleicht paradox anhört:

Je mehr Sie loslassen, desto besser wird das Gespräch laufen.

Wenn Sie sich wirklich auf den anderen fokussieren, verstehen Sie Ihr Gegenüber nicht nur besser, sondern Ihr Kollege wird sich auch mehr geschätzt fühlen, da er spürt, dass er Ihre volle Aufmerksamkeit hat. An dieser Stelle sei noch einmal betont: Es geht hier erst mal nur darum, die Weltsicht des »nervigen Arbeitsgenossen« nachzuvollziehen. Sie müssen ihn oder sie von nichts überzeugen oder sich selbst überzeugen lassen, und es geht auch (noch) nicht darum, eine gemeinsame Lösung zu finden. Es geht nur um Ihre Offenheit – als Teil des »WOW!-Prinzips«.

»Verstehen« bezieht sich nicht nur auf die rationale, sondern auch auf die emotionale Ebene. Darum geht es im Folgenden.

Wer hören will, muss fühlen

Wenn Sie später auswendig aufschreiben können, was Ihr Kollege zu den Beweggründen für sein Verhalten, das Ihnen zuvor so sauer aufgestoßen war, gesagt hat, dann sind Sie schon mal auf einem guten Weg. Wenn Sie trotzdem nicht nachvollziehen können, warum er so und nicht anders gehandelt hat, dann haben Sie entweder nicht genug nachgefragt oder Ihnen fehlt Empathie.

Was war das noch mal, »Empathie«? Der Begriff bedeutet »Mitfühlen«. Leider wird Empathie fälschlicherweise oft mit »Mitleid« oder »Sympathie« gleichgesetzt und bekommt dadurch so einen merkwürdigen Beigeschmack. Empathie findet auf Augenhöhe statt, Mitleid hat häufig etwas leicht Überhebliches: »Ach du Arme! Ich helfe dir, alleine kriegst du das ja nicht hin!« Der Unterschied zwischen Sympathie und Empathie liegt darin, dass wir einen Menschen mögen müssen, um Sympathie zeigen zu können, bei Empathie ist das keine Voraussetzung. Sie können mitfühlen, dass ein Kollege sich ärgert, keine Gehaltserhöhung bekommen zu haben, selbst wenn Sie denken: »Wenn ich dein Chef wäre, hätte ich dir auch keinen Cent mehr gegeben!«

Was braucht es, um empathisch zu sein? Reichen ein paar mitfühlende Worte wie: »Tut mir echt leid, das mit Ihrem Mann und dem Herzinfarkt im Bordell!« Das wäre nur oberflächliche Empathie. Echtes Mitgefühl entsteht nur, wenn Sie sich wirklich in die Situation des anderen hineinversetzen. Und auch dazu braucht es Aufmerksamkeit und Fokus. Wenn Sie das, was Ihr Kollege erzählt, nicht nur inhaltlich, sondern auch emotional nachvollziehen können, dann hören Sie tatsächlich zu.

»Ist diese Gefühlsduselei wirklich nötig? Reicht es nicht, dass ich meinem unfähigen Kollegen überhaupt zuhöre?«, könnte jetzt als Einwand kommen. Es macht einen sehr großen Unterschied! Wenn Ihr Kollege sich von Ihnen ernsthaft verstanden fühlt, dann wird er auch eher einen Schritt auf Sie zugehen, um eine gemeinsame Lösung zu finden. Ich kann es gar nicht oft genug betonen: Verstehen heißt nicht, recht geben! Sie verlieren also nichts, wenn Sie temporär in die Haut des Kollegen schlüpfen, der Ihnen die Nerven raubt.

Empathische Aussagen fördern die gute Beziehung zu Kollegen

Dass Sie wirklich mitfühlen, können Sie Ihrem Gegenüber zeigen, indem Sie die Gefühle nennen, die Sie in seinen Erzählungen wahrnehmen. Man spricht hier von sogenannten »empathischen Aussagen«. Zum Beispiel:

Kollegen (mit ärgerlichem Unterton):

> »Und dann hast du einfach deine Idee umgesetzt und mich gar nicht gefragt, was ich darüber denke!«

Ihre empathische Aussage:

> »Es hat dich geärgert, dass ich dich nicht um deine Meinung gebeten habe.«

Kollege (mit bedrücktem Ausdruck):

> »Du hast mich angemeckert, dass ich meine Arbeit viel zu langsam machen würde.«

Ihre empathische Aussage:

> »Das hat dich traurig gemacht.«

Kollege (mit zitternder Stimme):

> »Nach unserer letzten Diskussion bist du direkt zum Chef gelaufen und hast ihm brühwarm erzählt, was vorgefallen ist. Weiß du eigentlich, was das für Konsequenzen hätte haben können?«

Ihre empathische Aussage:

> »Du hast dir Sorgen gemacht.«

Die kurzen Attribute in den Klammern dienen nur zur groben Illustration, wie Sie den Kollegen während der jeweiligen Aussage wahrnehmen. Benutzen Sie bitte nicht den Standardsatz: »Du hast dir Sorgen gemacht«, wenn jemand mit zitternder Stimme spricht. Die Stimme kann auch aus Wut, Unsicherheit et cetera zittern. Hier ist Ihr Bauchgefühl gefragt: Welche Emotion bemerken Sie bei dem anderen? Ich bin mir sicher, dass Sie dazu in der Lage sind, wenn Sie sich darauf einlassen und ... Sie ahnen es schon ... nicht gefühlsblind sind.

Wichtig ist, dass Sie empathische Aussagen treffen und keine empathischen Fragen stellen. Es macht in der Wirkung einen entscheidenden Unterschied, ob Sie sagen: »Und das ärgert dich,« oder ob Sie fragen: »Und ärgert dich das?« Wenn Sie es als Frage formulieren, dann drücken Sie damit aus, dass Sie den andern nicht sicher verstehen, und das schafft eher Distanz als Nähe. Wenn Sie Ihre Wahrnehmung in eine Aussage verpacken und tatsächlich das Gefühl des

Kollegen benennen, dann gewinnen Sie bei ihm 1000 Bonus-punkte, da er sich (endlich) verstanden fühlt.

Vielleicht fragen Sie sich, was passiert, wenn Sie mit einer empathischen Aussage danebenliegen? Dann kommen Sie dennoch auf eine bessere Beziehungsebene mit Ihrem Kollegen! Zum einen, weil er merkt, dass Sie sich mit seinem Befinden befassen, und zum anderen, weil er Ihnen sagen wird, wie er sich tatsächlich gefühlt hat, wenn denn nicht so, wie von Ihnen wahrgenommen. Dadurch wird das Gespräch viel persönlicher. Darf man das denn? Mit Kollegen über Gefühle sprechen? Ja! Wir sind alle von Emotionen gesteuerte Menschen, egal ob zu Hause oder auf der Arbeit – sie gehören zum Leben dazu. Wenn es Ihrem Gegenüber zu nah wird, dann wird er Ihnen das schon sagen.

Empathische Aussagen haben noch eine andere vorteilhafte Wirkung. Wenn Sie ein klärendes Gespräch mit einem Kollegen führen, wird er selbst gar nicht immer die Gefühle benennen können, die er in den Situationen hatte, über die er mit Ihnen spricht. Dadurch, dass Sie ihm helfen, die Emotionen in Worte zu fassen, sorgen Sie bei ihm für eine größere Selbstsicherheit. Dieses diffuse Gefühl in der Magengegend – oder wo auch immer – wird plötzlich greifbarer und ist damit besser für beide Seiten zu verstehen.

Ein Erlebnis aus meinem Alltag: In einigen meiner Seminare lasse ich die Teilnehmer »Empathische Aussagen« üben. Zum einen, damit sie als Sender Erfahrung sammeln, und zum anderen, damit sie als Empfänger am eigenen Leib spüren, was es für eine Wirkung hat, wenn ihr Gegenüber die eigenen Gefühle erkennt und benennt. Viele beschreiben es als ein »wohliges Gefühl«, ihnen werde es »warm ums Herz«. Am Anfang läuft es meist etwas holperig, aber dann bekommen die Teilnehmer recht schnell Übung darin. Bei einer Gruppe von Führungskräften sagte einer der Teilnehmer mitten in der Übungsphase: »Herr Fischedick, das ist ja alles schön und gut, aber das geht doch auch viel einfacher. Ich hatte mal einen Trainer, der hat uns beigebracht, dass es als empathische Aussage genügt zu sagen: Ich verstehe dich.«

Was glauben Sie, ist es wirklich dasselbe? Ich bin der Überzeugung, dass die konkrete Benennung des erkannten Gefühls eine stärkere Wirkung hat, als ein pauschales »Ich verstehe dich.« Für mich ist das wieder ein Beispiel dafür, dass es in guter zwischenmenschlicher Kommunikation nie um auswendig gelernte Floskeln gehen sollte, sondern um Sätze, die wir wirklich meinen und fühlen.

In derselben Seminargruppe geschah dann kurze Zeit später das Folgende: In der Kaffeepause gingen einige der Abteilungsleiter kurz zu ihren Teams, um ein paar Dinge zu besprechen. Einer der Teilnehmer kam nach der Pause breit grinsend zurück. Er erzählte, er habe eben ein Gespräch mit einem seiner Mitarbeiter gehabt, der sich wieder mal über die »unmöglichen« Arbeitsumstände beschwert habe. Diese Beschwerden gehörten nach Aussage des Teilnehmers fast täglich zum Programm, und sein Mitarbeiter war stets so ungehalten, dass er sich nicht beruhigen ließ. Doch bei dem Gespräch eben in der Pause war plötzlich alles anders: Die Führungskraft hatte die empathischen Aussagen, die er kurz vorher noch mit uns geübt hatte, direkt in der Praxis angewandt. Zu seiner großen Überraschung hatte ein einziger mitfühlender Satz von ihm schon genügt, dass sein unzufriedener Mitarbeiter wesentlich ruhiger wurde. Er hatte ihm nichts versprochen, hatte ihm keine Zugeständnisse gemacht, sondern nur vermittelt, dass er sein Gefühl nachvollziehen konnte – mehr nicht! Und schon hatte sich eine ganz andere Kommunikationsebene eröffnet, um gemeinsam eine Lösung zu finden. Jetzt waren auch die letzten Zweifler in der Seminargruppe überzeugt, dass empathische Aussagen wirklich wirkungsvoll sind.

Übung »Empathische Aussagen«

Wirklich üben können Sie empathische Aussagen nur in »freier Wildbahn«. Es geht ja darum, den ganzen Menschen in seinem Ausdruck wahrzunehmen und nicht nur ein paar Sätze zu beurteilen. Mein Tipp: Üben Sie es im Alltag zuerst mit Menschen, die Sie gerne mögen. Wenn Sie sich dann nach einer Weile sicherer fühlen, verwenden Sie diesen Ansatz auch bei den »schweren Fällen«. Empathische Aussagen schaden nie, deshalb warten Sie nicht auf das nächste Konflikt- oder Abstimmungsgespräch, sondern flechten Sie sie in alltägliche Konversationen ein. Wenn Ihnen ein geschätzter Kollege von seinem Wochenende erzählt, dann hören Sie nicht nur mit dem »sachlichen Ohr«, sondern auch mit dem »emotionalen Ohr« zu und geben Sie ihm entsprechendes Feedback.

Beispiele

»Ah, es hat dir Spaß gemacht, dass du endlich mal wieder Motorrad fahren konntest!«

»Das hat dich geärgert, dass dir das Essen angebrannt ist.«

»Verstehe, du warst enttäuscht, dass deine Freundin sich nicht mehr gemeldet hat.«

»Du warst total motiviert, den Umbau anzugehen.«

Es gehen auch Kurzformen als direktes Feedback, da ja im Kontext des Gesprächs klar ist, worauf Sie sich beziehen:

»Und das hat dir Spaß gemacht.«

»Darüber hast du dich geärgert.« / »Das ärgert dich.«

»Das war eine Enttäuschung für dich.«

»Da hattest du richtig Lust drauf.«

…

An den Beispielen haben Sie schon gemerkt: Empathische Aussagen können sich auf jegliche Art von Emotionen beziehen, auch auf positive. Selbst wenn Sie am Anfang vielleicht denken, dass die Gefühle doch offensichtlich sind und man sie nicht noch extra benennen muss: Probieren Sie es aus!

Nachdem Sie nun Impulse erhalten haben, wie Sie mit Offenheit die Beziehung zu Ihren herausfordernden Kollegen verbessern können, geht es im Folgenden darum, wie Sie eine erste Idee von den Werten der Kollegen bekommen. Diese haben einen großen Einfluss auf die Qualität Ihrer Zusammenarbeit.

Worum spielen die Kollegen?

Im ersten Teil des »WOW!-Prinzips« ging es unter anderem darum, dass Sie sich bewusst werden, was Ihre Werte sind – um die Sie Tag für Tag »spielen«. Genauso hilfreich ist es, wenn Sie sich über die Werte der Kollegen, mit denen Sie immer wieder aneinandergeraten, im Klaren sind. Diese Einsicht ist ein wichtiger Schlüssel, denn die Unterschiede zwischen unseren Werten und denen der »Nervensägen« sind es ja, die für schwelende oder offene Konflikte sorgen.

Zum Beispiel kann eine Spannung daraus entstehen, dass einer Ihrer höchsten Werte »Leistung« ist, bei der Kollegin hingegen »Harmonie« ganz oben steht. Die Kollegin sollte für Sie Zahlen aus einer anderen Abteilung zusammentragen, die Sie für eine entscheidende Analyse benötigen. Nun passiert es aber, dass die Daten zum verabredeten Termin nicht vorliegen. Sie sind sauer, weil Sie diese Verzögerung zurückwirft. Sie hatten sich selbst einen engen Zeitplan gesteckt, um möglichst schnell ans Ziel zu kommen, schließlich ist Leistung für Sie wichtig. Auf Nachfrage sagt die Kollegin: »Ich weiß, dass das ungünstig ist, aber dem Peter, von dem ich die Zahlen bekommen sollte, ging es in den letzten Tagen nicht so gut, da wollte ich ihn nicht nerven.« Für die Kollegin war es selbstverständlich, Peter in Ruhe zu lassen, da für sie Harmonie die höchste Priorität hat. Sie hingegen sind jetzt wahrscheinlich nicht mehr in perfekter Balance, sondern kurz vor der Explosion.

Wenn Sie einen offenen Blick für die Werte Ihres »so anders gestrickten Kollegen« haben, anstatt einfach blind vor Wut zu sein über dessen »unmögliches« Verhalten, dann hilft Ihnen das zunächst einmal dabei, sich zu beruhigen, da es Ihnen eine rationale Erklärung für Ihren Gefühlsausbruch liefert. Zudem ist diese Werteanalyse eine nützliche Grundlage für die Lösung des Konfliktes. Wie das genau geht, erfahren Sie etwas später in dem Teil »WOW! im Arbeitsalltag«.

Aber wie finden Sie nun heraus, was Ihren Bürogenossen wichtig ist? Auf ähnliche Weise, wie Sie auch Ihre eigenen Werte ermittelt haben:

 **Tool »Wertedetektor – Modell K«**

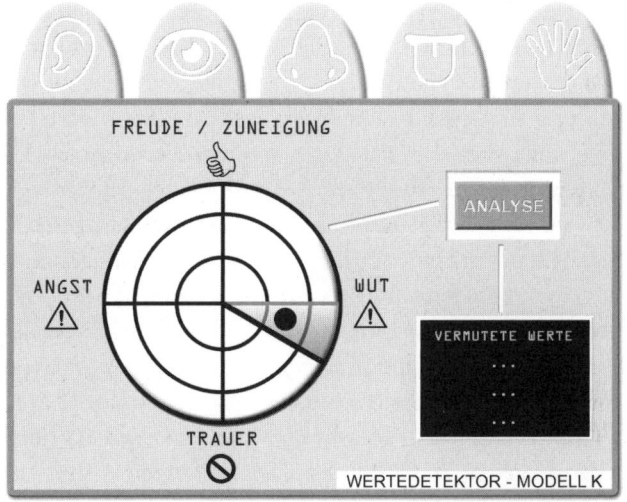

Genauso wie Ihre Emotionen Indikatoren für Ihre eigenen Werte sind, geben Ihnen die Gefühlsäußerungen der Kollegen Hinweise darauf, was ihnen wichtig ist. Das Prinzip gleicht dem des im Teil »Wahrnehmung« beschriebenen »Wertedetektors« zur Selbstanalyse. Das Modell »K« des mentalen Sondierungsgerätes richtet allerdings die Sensoren auf die Emotionen der Kollegen statt auf die eigenen. Wenn Sie schon erste Erfahrungen mit den gerade eben vorgestellten »empathischen Aussagen« gesammelt haben, dann sollte es Ihnen leichtfallen, die Gefühle Ihres Gegenübers richtig zu deuten … es sei denn Sie sind … Sie wissen schon … muss ich es wirklich noch mal schreiben? … gefühlsblind!

Die Analyseschritte
1. »Emotionale Ausschläge« wahrnehmen
Wann zeigt der Kollege, zu dem Sie einen besseren Draht bekommen möchten, stärkere Emotionen als sonst? Das kann bei einem eher zurückhaltenden Kollegen weniger deutlich sein, als bei einer »Drama-Queen«. Hier geht es nicht nur um negative, sondern auch um positive Ausschläge.

- Wann ist Ihr Gegenüber besonders gut gelaunt?
- Mit welchen anderen Kollegen versteht er sich am besten?
- Was bringt ihn zur Weißglut?
- In welchen Situationen wird er unsicher?
- Was frustriert ihn?
- Was macht ihn traurig?
- Wann ist er enttäuscht?

2. Hypothesen über die Werte aufstellen
Überlegen Sie, auf welche Werte die Situationen hinweisen könnten. Genau wie bei Ihrer vorhergehenden Selbstanalyse gilt:

Wahrgenommene Basisemotion	Bedeutung für Werte des Kollegen
Freude / Zuneigung	mindestens ein Wert wird / wurde in der Situation erfüllt
Wut / Angst	mindestens ein Wert ist / war in der Situation in Gefahr

Wahrgenommene Basisemotion	Bedeutung für Werte des Kollegen
Trauer	mindestens ein Wert scheint/schien in nächster Zeit unerreichbar *Im beruflichen Kontext nehmen wir Trauer eher in Form von Enttäuschung oder Frust wahr*

Verlassen Sie sich auch hier besser auf Ihr Bauchgefühl, was die Definition der Werte angeht, als die umfassende Werteliste im Anhang durchzugehen.

Im Anschluss an die Beschreibung dieses Tools finden Sie eine Übung, mit der Sie trainieren, die Werte eines anderen Menschen zu erkennen.

3. Hypothesen überprüfen

Dieser Punkt ist extrem wichtig! Anders als bei unserer Selbstanalyse können wir bei anderen Menschen nie sicher sein, ob wir mit unserer Einschätzung richtig liegen oder nicht. Machen Sie sich bewusst, dass es erst einmal nur Hypothesen sind, die Sie über die Werte eines Kollegen aufgestellt haben. Ansonsten landen Sie wieder bei den »selbsterfüllenden Prophezeiungen«: Wenn Sie ungeprüft unterstellen, dass zum Beispiel einer der höchsten Werte Ihres Gegenübers »Unabhängigkeit« ist, dann sammeln Sie unbewusst nur noch »Beweise« für die Richtigkeit Ihrer Hypothese. »Eindeutig, der größte Wert vom Schneider ist Unabhängigkeit! Der stellt seine Kaffeetasse nicht wie alle anderen rechts neben die Tastatur, sondern links, und gestern hat er das Firmengebäude einfach durch den Hintereingang betreten!«

Ob Sie mit Ihrer Einschätzung tatsächlich recht haben, finden Sie nur heraus, indem Sie Ihren Kollegen fragen. Dabei ist wichtig, dass Sie konkret benennen, wie Sie zu Ihrer Hypothese kommen. Zum Beispiel so:

»Ich habe das Gefühl, das *Wert X* dir sehr wichtig ist. Ich komme darauf, weil ich *Verhalten Y* beobachtet habe. Liege ich richtig?«

»Als du gerade von *Y* gesprochen hast, hast du total gestrahlt. Ich habe den Eindruck, dass *Wert X* dir wichtig ist.«

»Mir ist aufgefallen, dass du oft mit *Verhalten Y* reagierst, wenn *Situation Z*. Täusche ich mich oder liegt das daran, dass dir *Wert X* wichtig ist?«

Wie bei allen Tools, die ich Ihnen hier vorstelle, sollten Sie darauf achten, Ihre eigene Ausdrucksweise zu finden. Nur dann fühlen Sie sich wohl und erreichen Ihr Gegenüber. Wenn Ihre Fragen und Aussagen hölzern und auswendig gelernt klingen, wirkt das auf Ihre Kollegen eher befremdlich.

Übung »Werte erkennen«

Erinnern Sie sich noch an die Geschichten aus dem fiktiven Unternehmen »Sonnenschein & Söhne« zu Anfang des Buches?

- Welches typische Verhalten der Protagonisten können Sie erkennen? Auf welche Werte könnte das hinweisen?
- Welche emotionalen Regungen zeigen die einzelnen Charaktere? Für welche Werte spricht das?
-

Schreiben Sie Ihre Hypothesen zu den drei wichtigsten Werten der einzelnen Figuren hier neben die Namen. Falls Ihre eigenen wichtigsten Werte »Ordnung« und »Sauberkeit« sind, dann schreiben Sie nicht hier ins Buch, sondern auf einen extra Zettel.

Person	vermutete wichtigste Werte
Herbert Meyer *Hausmeister*	
Katja Kümmer *Assistenz Leiter Kunden- management*	
Klaus Dräger *Bereichsleiter Kunden- management*	
Leon Praud *Eventmanager*	
Stefan Häppinger *Gruppenleiter Außendienst*	
Lisa Importante *Head of Social Media and Global Online Customer Communications*	
Bernd Pawlowski & Gabi Mustermann *Mitarbeiter Rechnungswesen*	
Christian Libertus *Teamleiter Kundenhotline*	
Martina Meier-Trast *Teamleiterin Kundenhotline*	
Susi Plauderbach & Paulus Ratscher *Mitarbeiter Einkauf*	
Ingo von Sekursburg *Abteilungsleiter Produkt- entwicklung*	

Wie leicht ist es Ihnen gefallen, Ihre Hypothesen zu den Werten der Mitarbeiter von »Sonnenschein & Söhne« aufzustellen? Ich denke, es wird Figuren gegeben haben, bei denen es einfacher war als bei anderen – wie im echten Leben.

Ob Sie mit Ihren Vermutungen richtig gelegen haben oder nicht, könnten Sie durch eine Befragung der Charaktere herausfinden. Da diese real nicht existieren, fällt ein Kontrollanruf leider aus. Als geistiger Vater der beschriebenen Kolleginnen und Kollegen lasse ich Sie aber gerne daran teilhaben, welche Werte ich im Kopf hatte, als ich die Geschichten geschrieben habe:

Person	wichtigste Werte laut Autor
Herbert Meyer *Hausmeister*	Effizienz Selbstständigkeit Höflichkeit
Katja Kümmer *Assistenz Leiter Kunden-management*	Harmonie Fürsorge Ästhetik
Klaus Dräger *Bereichsleiter Kunden-management*	Verantwortung Zuverlässigkeit Bescheidenheit
Leon Praud *Eventmanager*	Anerkennung Status Kreativität
Stefan Häppinger *Gruppenleiter Außendienst*	Humor Offenheit Bodenständigkeit
Lisa Importante *Head of Social Media and Global Online Customer Communications*	Status Einfluss Flexibilität
Bernd Pawlowski & Gabi Mustermann *Mitarbeiter Rechnungswesen*	Struktur Zuverlässigkeit Beständigkeit
Christian Libertus *Teamleiter Kundenhotline*	Freiheit Wertschätzung Gemeinschaft

Person	wichtigste Werte laut Autor
Martina Meier-Trast *Teamleiterin Kundenhotline*	Vertrauen Verantwortung Leistung
Susi Plauderbach & Paulus Ratscher *Mitarbeiter Einkauf*	Verbundenheit Status Leichtigkeit
Ingo von Sekursburg *Abteilungsleiter Produkt-* *entwicklung*	Unverletzbarkeit Harmonie Innovation

Seien Sie nicht frustriert, falls Sie nicht exakt dieselben Begriffe für die Werte notiert haben wie ich. Es kann durchaus sein, dass Sie in Ihrem Verständnis mit einem anderen Wort genau das meinen, was ich beim Erfinden der Figuren im Kopf hatte.

Glückwunsch! Mit den Erkenntnissen aus diesem Teil haben Sie einen weiteren Schritt gemacht, um besser mit herausfordernden Kollegen klarzukommen.

Nach einer Zusammenfassung der Inhalte zum Thema »Offenheit« widmen wir uns der Wertschätzung, der dritten Säule des »WOW!-Prinzips«.

Zusammenfassung »Offenheit«

- Offenheit ist der zweite Grundpfeiler des »WOW!-Prinzips«. Gemeint ist damit zum einen das Teilen der eigenen Gedanken und Empfindungen und zum anderen die Offenheit für die Gedanken und Empfindungen des Gegenübers.

- Vertrauen ist ein Vorschussgeschäft: Wenn wir uns unseren Kollegen öffnen, steigt die Wahrscheinlichkeit, dass Sie auch uns offener begegnen.

- Echte Harmonie entsteht nur durch Auseinandersetzung, dazu ist ein offener Austausch über die unterschiedlichen Sichtweisen nötig.

- Je deutlicher wir in Konfliktgesprächen machen, was unsere subjektiven Bewertungen sind und was objektive Beobachtungen, desto weniger Widerstand erzeugen wir bei unserem Gegenüber.

- Ich-Botschaften sind ein Weg, um bei den Kollegen für Klarheit darüber zu sorgen, was wir denken und fühlen und was unsere Wünsche an sie sind.

- Verstehen heißt nicht, recht geben. Die Sichtweise der Kollegen nachvollziehen zu können ist kein Zeichen von Anpassung, sondern eine wichtige Grundlage, um einen gemeinsamen Weg zu finden.

- Fragen sind der beste Weg, um zu verstehen, was in den Köpfen der Kollegen vorgeht. Je offener die Fragen gestellt sind, desto eher erfahren wir, was wirklich die Beweggründe der anderen sind.

- Empathische Aussagen sorgen dafür, dass Kollegen sich verstanden fühlen und sich in der Konsequenz auch mehr bemühen, uns zu verstehen.

- Die Werte der Kollegen zu kennen hilft, um die Ursachen für die meisten Konflikte zu finden.

Wertschätzung

Der dritte Grundpfeiler des »WOW!-Prinzips«

> Was der entscheidendste Faktor für eine gute Zusammenarbeit ist
> Warum wir uns manchmal zum »Anwalt des Teufels« machen sollten
> Wieso »nervige« Kollegen dennoch wertvoll sind
> Wie unser Platz am mentalen Spieltisch über die Qualität der Zusammenarbeit entscheidet

Die 4 M

Wenn wir wollen, können wir mit jedem Menschen auf dieser Welt auskommen – sogar mit unseren Kollegen!

Hat Ihnen dieser Satz Hoffnung gegeben oder haben Sie mir gerade innerlich einen Vogel gezeigt? Keine Sorge, ich habe keine Überdosis Glückskekse konsumiert oder mich einer Sekte angeschlossen, deren Mitglieder in wallenden Gewändern über Blümchenwiesen tanzen und sich gegenseitig voller Liebe um den Hals fallen. Es ist wirklich so, dass es einzig und allein an uns liegt, ob wir das Gefühl haben, dass uns ein Kollege den Arbeitstag zur Hölle oder zum Himmel macht.

Nicht das Verhalten eines Menschen nervt uns, sondern unsere Bewertung dessen

Ein Beispiel aus dem privaten Bereich: Erinnern Sie sich noch, als Sie in Ihre Lebenspartnerin oder Ihren Lebenspartner frisch verliebt waren? Egal was dieser Mensch getan hat – Sie fanden es toll. Sie erschien zu spät zur Verabredung und Sie dachten: »Ach wie süß, sie hat sicher die Zeit aus den Augen verloren, als sie sich extra hübsch für mich gemacht hat!« Er hatte seine Wohnung nicht aufgeräumt, als Sie zu Besuch kamen, und Sie dachten: »Zum Glück bin ich ja jetzt da, um meinem Schatz ein gemütliches Heim zu schaffen!«

Auch das waren subjektive Bewertungen des Verhaltens – rosarot eingefärbte. Heute hat Ihr Wahrnehmungsfilter wahrscheinlich die Farbe gewechselt, von rosa auf grau. Ihr Schatz legt dasselbe Verhalten wie zu Beginn der Beziehung an den Tag, aber Sie denken: »Jetzt hat die blöde Kuh schon wieder die Zeit im Bad vertrödelt und lässt mich hier doof rumsitzen und warten!« oder »Das Ferkel hat mal wieder seinen Kram rumliegen lassen, und ich kann dem Herrn Grafen hinterherräumen. Ich bin doch nicht das Dienstmädchen!«

Auch wenn es eine unbequeme Wahrheit ist: Dass Kollegen uns nerven, liegt zum Großteil daran, wie wir sie sehen. Das heißt nicht, dass Sie jetzt alles genial finden sollen, was die Bürogenossen tun, die Sie bisher als anstrengend empfanden. Es geht zunächst einmal um das Bewusstsein, dass Sie selbst die große Freiheit haben, zu entscheiden, ob Sie sich von einem Bürogenossen nerven lassen oder nicht. Ausschlaggebend ist Ihre innere Haltung. Heiko Herrlich, der Cheftrainer von Bayer 04 Leverkusen, wurde einmal von einem Journalisten gefragt, wie er es schafft, mit den unterschiedlichen, teilweise extremen Charakteren in seiner Mannschaft auszukommen. Seine Antwort: »Die 4 M sind wichtig: Man muss Menschen mögen.« Nur, wie bekommen Sie es hin, auch jene Menschen zu mögen, bei denen Sie innerlich reimen:

»Kollegen mag ich leiden,
in Stücken und in Scheiben«?

Hier drei Tools:

Tool »Advocatus Diaboli – Des Teufels Anwalt«
Ein indianisches Sprichwort lautet: »Großer Geist, bewahre mich davor, über einen Menschen zu urteilen, ehe ich nicht eine Meile in seinen Mokassins gelaufen bin.«

Genau das tun Sie bei dieser Strategie, indem Sie bewusst die Position des von Ihnen »verteufelten« Kollegen einnehmen. Schlüpfen Sie in dessen Mokassins, Lackschuhe, Sandalen oder Pumps – natürlich nur sinnbildlich – und schauen Sie durch dessen Augen.

- Wie fühlt es sich an in seiner Position? Was für ein Körpergefühl und was für eine Weltsicht würden Sie wahrnehmen, wenn Sie in seiner Haut steckten?
- Warum fühlt es sich für ihn richtig an, sich in den Situationen, die Sie ärgern, so zu verhalten, wie er es tut?
- Worauf ist er stolz?
- An welchen Aspekten seiner Persönlichkeit arbeitet er gerade – vielleicht auch nur ein kleines bisschen?
- Wie sieht er Sie? Was mag er an Ihnen, was ärgert ihn?
- Was glaubt er, warum Sie sich in den Situationen, die ihn ärgern, so verhalten, wie Sie es tun?

Denken Sie dabei an Fehlannahme #3: »Einige Kollegen sind von Natur aus böse, nervig, doof, …« aus dem Kapitel »Darum spielen wir so selten bei der Arbeit«. Auch Ihr ärgster Feind wird mit großer Wahrscheinlichkeit kein schwarzes Herz besitzen, sondern einfach eine andere Art als Sie haben, seine positiven Ziele zu verfolgen – die auch nicht immer auf den ersten Blick für Sie erkennbar sind. Dadurch, dass Sie bei diesem Tool in seine Rolle schlüpfen, werden Sie mehr von seinem guten Kern entdecken. Je mehr Sie sich darauf einlassen, desto größer sind die Erkenntnisse, die Sie gewinnen können – sowohl über sich selbst als auch über den Kollegen.

 ### Tool »Positive Ausnahmen«

Ob wir wollen oder nicht, wir stecken andere Menschen schnell in Schubladen – das spart uns Energie. Es ist nicht immer nett, womit wir die Fächer beschriften: »Vollpfosten«, »Nichtsblicker«, »Digitalisierungsverweigerer« et cetera. Und leider schauen wir bei dieser Art der Ablage auch nicht besonders genau hin und verteufeln so schnell einen kompletten Menschen, obwohl er auch gute Seiten hat. Um auf eine leichte, spielerische Weise die Schublade noch einmal zu öffnen und das schnelle (Vor-)Urteil zu überprüfen, genügt Folgendes:

Suchen Sie nach kleinen Dingen, die Sie an Ihrem ansonsten eher verhassten Kollegen wirklich mögen. Es reichen klitzekleine Aspekte. Das kann die Form der rechten Augenbraue sein, sein Parfüm, sein Lächeln, sein Humor, seine Art zu argumentieren, seine Art zu gehen, seine Frisur, sein Kleidungsstil et cetera.

Fertig! Mehr müssen Sie nicht tun, und es wird trotzdem aus zwei Gründen seine Wirkung zeigen:

1. Während Sie auf der Suche nach den positiven Ausnahmen sind, werden Sie den Kollegen mit wertschätzenden Augen betrachten. Das wird Ihr Gegenüber bemerken und sich Ihnen sehr wahrscheinlich auch positiver zuwenden.
2. Wenn Sie erst einmal in den wertschätzenden Suchmodus geschaltet haben, werden Sie mehr als nur einen Aspekt finden, der Ihnen wirklich an Ihrem Kollegen gefällt. Dadurch öffnen Sie unbewusst die Schublade, in die Sie ihn zuvor gesteckt haben, immer weiter, und die Chancen steigen, dass Sie ihn mit anderen Augen sehen können.

Falls Sie noch zweifeln, ob das wirklich funktioniert, hier eine Geschichte aus der Praxis:

Eine meiner Klientinnen, die ich schon seit vielen Jahren als Coach begleite, rief mich an. Sie erzählte mir, dass sie am nächsten Tag ein Gespräch mit einem ihrer Mitarbeiter vor sich habe, den sie nicht besonders möge – um es gelinde auszudrücken. Sie hatte ihn von ihrem Vorgänger »geerbt« und war nie mit ihm warm geworden, jedes Mitarbeitergespräch wurde zur Qual – für beide! Sie fragte mich, was sie denn tun könne, damit die Beziehung zumindest ein bisschen besser würde. Ich erklärte ihr das eben beschrieben Tool »Positive

Ausnahmen«. Sie war zwar etwas skeptisch, wollte der Sache aber eine Chance geben, da sie schließlich nichts zu verlieren hatte.

Einige Tage später rief sie mich wieder an – lachend! Sie berichtete, dass die Methode wunderbar funktioniert habe, das Gespräch super gelaufen sei und beide sich sogar schon auf das nächste Meeting freuen würden. Da ich ein neugieriger Mensch bin, habe ich sie gefragt, was denn die positive Ausnahme gewesen sei, die sie entdeckt habe und die zu dem Stimmungswechsel geführt hat. »Wissen Sie«, sagte meine Klientin, »dieser Mitarbeiter hat Locken. Und er hat eine Locke, die ihm immer in die Stirn fällt – die finde ich total putzig. Ich habe mich zu Beginn des Gesprächs auf das putzige Stirnlöckchen fokussiert, und von da an lief alles super!«

Also gehen auch Sie bei Ihren vermeintlich nervigen Kollegen auf die Suche nach dem »putzigen Stirnlöckchen«.

 **Tool »Gegner und Spielpartner«**
Wenn Sie einen inneren Widerstand spüren bei dem Versuch, direkt auf die positiven Seiten Ihres Kollegen zu schauen, dann könnte Ihnen dieses Tool gefallen:

Teil 1:
Auf Seite 220 finden Sie den Umriss eines Menschen. Nehmen Sie sich zehn Minuten Zeit, um diese Zeichnung so zu ergänzen, dass sie Ihrem Bild des speziellen Kollegen als »Gegner« entspricht. Malen Sie das Männchen aus, zeichnen Sie typische für Sie negative Äußerlichkeiten des »Feindes« dazu wie die Frisur, Schmuck, Kleidung oder Ähnliches. Notieren Sie dann Begriffe neben oder in die Figur, die sein negatives Verhalten und seine schlechten

Charakterzüge beschreiben. Geben Sie dem Affen so richtig Zucker. Entscheidend sind zwei Dinge:

1. Sie hören wirklich nach zehn Minuten mit diesem Teil der Übung auf.
2. Sie machen auch den zweiten Teil dieser Übung.

 Falls Sie nicht hier ins Buch malen möchten, finden Sie auch diese Vorlagen bei den Unterlagen zum Buch auf meiner Homepage: www.mathias-fischedick.de/kollegen

Sobald Sie umblättern, läuft die Zeit.

Wie geht es Ihnen jetzt? War es erleichternd oder haben Sie sich noch mehr in Rage gebracht? Sind Ihnen schnell die Ideen ausgegangen oder hätten Sie noch stundenlang das Bild des »Gegners« ergänzen und verfeinern können? Auch wenn Sie gerne weitergemacht hätten, erinnern Sie sich an unseren Deal: Nur zehn Minuten und dann den zweiten Teil der Übung umsetzen. Hier ist er:

Teil 2:

Auf der folgenden Seite wartet auf Sie wieder der Umriss eines Menschen. Diesmal steht er für den Spielpartner, den Sie in Ihrem Kollegen erkennen. Nehmen Sie sich auch jetzt wieder zehn Minuten, um die Zeichnung um das zu ergänzen, was diesen speziellen Bürogenossen zu einem guten Partner auf Augenhöhe macht. Auch wenn Sie denken: »Da gibt es nichts!«, blättern Sie bitte um und lassen Sie sich wirklich zehn Minuten Zeit, um Ihre wertschätzenden Gedanken aufkommen zu lassen. Zeichnen Sie Attribute dazu, die Sie an dem Kollegen sympathisch empfinden. Schreiben Sie Begriffe in oder neben die Figur, die Sie als positiv an seinem Charakter und seinem Verhalten wahrnehmen. Auch hier sind zwei Dinge wichtig:

1. Schreiben Sie keine Wünsche auf, sondern nur das, was Sie wirklich heute schon sehen können.
2. Konzentrieren Sie sich die vollen zehn Minuten auf die Frage: »Was macht meinen Kollegen heute schon zu einem guten Partner im beruflichen Zusammenspiel?«

Und wieder gilt: Sobald Sie umblättern, läuft die Zeit.

Die zuvor beschriebenen Tools sind Starthilfen, die es Ihnen erleichtern, in Zukunft wertschätzender auf die Kollegen zu schauen. Im nächsten Schritt möchte ich mit Ihnen zusammen Kollegentypen unter die Lupe nehmen, die auf den ersten Blick so gar nichts Wertzuschätzendes an sich haben.

Nervige Kollegentypen und was sie wirklich wollen

Als ich mit Kollegen und Klienten über dieses Buchprojekt gesprochen habe, kam oft die Frage: »Machst du in dem Buch dann auch eine Liste mit typischen nervigen Kollegen und wie man sich gegen sie zur Wehr setzen kann?« Möglicherweise hatten Sie auch so eine Hoffnung, als Sie mit dem Lesen begonnen haben. Ich habe mich aus zwei Gründen dagegen entschieden: Zum einen, weil ich es für falsch halte, Menschen in Schubladen zu stecken (der Jammerlappen, die Zicke, das Großmaul, ...), und zum anderen, weil ich dagegen bin, Kollegen zu »bekämpfen«. Wenn Sie das Buch chronologisch gelesen haben, dann kennen Sie die Hintergründe meiner Haltung.

Bevor Sie jetzt aus Wut das Buch in die Ecke schmeißen oder es unleserlich wird, weil die Druckerschwärze unter den von Ihnen vergossenen Tränen der Trauer zerfließt, lesen Sie noch einen Satz weiter: Ich werde Sie nicht ohne eine Liste von »nervigen« Kollegentypen zurücklassen! Allerdings hat die Typisierung einen anderen Hintergrund, als Sie vielleicht erwarten. Mir geht es dabei darum, deutlich zu machen, welche Werte hinter dem Verhalten der Arbeitsgenossen stecken, die wir als anstrengend empfinden. Letztens fragte mich ein Seminarteilnehmer: »Wenn Sie über die Werte der nervigen Mitmenschen reden, dann klingt das immer so positiv. Aber es gibt doch auch negative Werte, oder?« Nein, gibt es nicht. Werte heißen so, weil Sie für eine Person wertvoll sind. Wir als Außenstehende sehen das aufgrund unserer subjektiven Beurteilung nur nicht immer. Ein Beispiel: Wir nennen einen Kollegen »geizig«, weil er schon seit Jahren dasselbe alte Auto fährt, mittags immer mitgebrachte Brote isst und sich mit der Papierschere selbst die Haare schneidet. Glauben Sie, dieser Kollege würde auf Nachfrage sagen: »Jaaaa, mein höchster Wert ist Geiz! Und nebenbei bin ich auch noch begeisterter Schwätzer und ich liebe es, unzuverlässig zu sein!« Ich denke nicht. Wahrscheinlich wären die wichtigsten Werte, die er nennen würde, so etwas wie Sparsamkeit, Harmonie und Unabhängigkeit. Das klingt ganz anders, oder? Jeden Wert kann man belächeln und so übertreiben, dass er negativ wirkt. Jemand, der mit Ihren Werten nichts anzufangen weiß und andere Maßstäbe setzt als Sie, kann auch Ihre Top-10-Werte ganz leicht in den Schmutz ziehen.

Angenommen, Ihnen ist Großzügigkeit wichtig. Der Kollege, der sich selbst »Sparsamkeit« auf die Fahne geschrieben hat, wird dieses Verhalten bei Ihnen wahrscheinlich als »Verschwendung« abtun. Wenn die Werte eines Kollegen den unseren diametral entgegengesetzt sind, sehen wir dessen Arbeitsphilosophie meist negativ. Hier noch ein Beispiel:

Wenn Sie sich darauf einlassen, die positiven Werte hinter dem scheinbar negativen Verhalten eines Kollegen zu erkennen, dann ist das echte Wertschätzung! Sie respektieren die Werte der anderen, auch wenn diese sich komplett von Ihren unterscheiden.

Nach dieser Einführung kommt jetzt endlich die Liste mit den auf den ersten Blick nervigen Kollegentypen und den positiven Werten, die sich meist hinter deren Verhalten verstecken:

Unsere Wahrnehmung	Ihre / Seine Werte
Der Abnicker	Leichtigkeit, Harmonie, Sicherheit, ...
Das Alphamännchen	Macht, Status, Leistung, ...
Der Ausdiskutierer	Klarheit, Sicherheit, Anerkennung, ...
Der Besserwisser	Anerkennung, Verantwortung, Neugier, ...
Der Blender	Unverletzbarkeit, Anerkennung, Harmonie, ...
Der Chaot	Unabhängigkeit, Kreativität, Spontaneität, ...
Der Entertainer	Anerkennung, Harmonie, Motivation, ...
Der Faulpelz	Bequemlichkeit, Freiheit, Sicherheit, ...
Das Großmaul	Status, Kontrolle, Sicherheit, ...
Der Hypochonder	Sicherheit, Aufmerksamkeit, Sensibilität, ...
Der Jammerlappen	Aufmerksamkeit, Sicherheit, Teamgeist, ...
Die Labertasche	Geselligkeit, Sicherheit, Anerkennung, ...

Unsere Wahrnehmung	Ihre/Seine Werte
Das Lästermaul	Zugehörigkeit, Anerkennung, Sicherheit, …
Das Mauerblümchen	Sicherheit, Bescheidenheit, Harmonie, …
Der Pedant	Struktur, Sicherheit, Verantwortung, …
Der Poser	Status, Aufmerksamkeit, Anerkennung, …
Der Rechtfertiger	Sicherheit, Anerkennung, Harmonie, …
Die Soziale	Harmonie, Teamgeist, Wertschätzung, …
Die Zicke	Anerkennung, Aufmerksamkeit, Sicherheit, …

Natürlich sind das alles nur Hypothesen. Welche Werte der jeweilige Kollege genau hat, lässt sich nur in einem Gespräch überprüfen (siehe Kapitel »Worum spielen die Kollegen«) – Sie können aber in jedem Fall sicher sein, dass es zu 100 Prozent positive Werte sind.

Und jetzt sind Sie dran!

Tool »Wertepolitur«

Wenn Sie sich die Zeit nehmen, darüber nachzudenken, welche positiven Werte hinter dem »nervigen« Verhalten Ihrer Kollegen stecken könnten, dann ist das so, als würden Sie das Image Ihres Gegenübers aktiv aufpolieren. Sie werden überrascht sein, in welch anderem Licht Ihre Bürogenossen auf einmal dastehen, wenn Sie den Staub und Dreck wegwischen, den Sie unbewusst über ihnen ausgebreitet haben. Tragen Sie in die folgende Tabelle die Namen Ihrer »speziellen Freunde« ein, daneben die negativen Begriffe, die Sie den Betreffenden zuschreiben, und in die dritte Spalte die positiven Absichten, Werte, Interessen, die sich dahinter verbergen könnten. Wenn Sie sich Zeit lassen und wirklich das Positive entdecken wollen, werden Sie es finden.

Kollege	Negative Sicht	Positiver Hintergrund

Auf den letzten Seiten habe ich Ihnen erste Impulse gegeben, wie es Ihnen leichter fallen kann, den Kollegen wertschätzender gegenüberzutreten. Ausschlaggebend ist in jedem Fall Ihre innere Haltung. Es gibt drei grundsätzliche Positionen, die Sie in Beziehung zu Ihrem Gegenüber einnehmen können. Welche das sind und welche davon am förderlichsten ist, zeige ich Ihnen im nächsten Schritt.

Ihr Platz am Spieltisch

»Im Spiel verraten wir, wes Geistes Kind wir sind«, erkannte schon der klassische römische Dichter Ovid. Das gilt auch sinnbildlich für das Zusammenspiel mit Ihren Kollegen. Welche der folgenden drei Position nehmen Sie am mentalen Spieltisch ein, wenn Sie es mit Menschen zu tun haben, die alles andere als Ihre Lieblingskollegen sind?

1 »Ich bin es nicht wert, mit dir zusammen zu spielen!«
Wenn Sie so über sich denken, dann fühlen Sie sich dem anderen unterlegen. Sie glauben, keinen Einfluss nehmen zu können oder zu dürfen, und halten sich zumindest in gewissen Aspekten der Zusammenarbeit für unfähig.

Aus dieser Einstellung heraus ergeben sich folgende Verhaltensweisen:

- Sie halten sich in Gesprächen zurück und scheuen die Auseinandersetzung mit den Kollegen.
- Sie versuchen, es dem anderen recht zu machen, und stellen dabei Ihre eigenen Ideen, Wünsche und Bedürfnisse in den Hintergrund.
- Alternativ greifen Sie die Kollegen an, weil Sie sich von Ihnen unterdrückt fühlen. Dabei reagieren Sie aus einer vermeintlichen Hilflosigkeit heraus sehr aggressiv oder trotzig.
- Sie geben Ihrem Kollegen mehr Unterstützung, als Sie bekommen, oder trauen sich nicht, Unterstützung anzubieten, da Sie glauben, dass diese keinen Wert für ihn hat.

2 »Wir beide sind gleichwertige Spielpartner!«

Wenn Sie sich im Umgang mit Kollegen so wahrnehmen, dann fühlen Sie sich mit Ihrem Gegenüber auf Augenhöhe. Sie sind sich Ihres Wissens, Ihrer Erfahrung und Ihrer Fähigkeiten bewusst und stehen den Gedanken Ihres Kollegen offen gegenüber.

Aus dieser Einstellung heraus ergeben sich folgende Verhaltensweisen:

- Sie tauschen sich offen mit den Kollegen aus und gehen bei unterschiedlichen Meinungen in eine wertschätzende Auseinandersetzung.
- Sie stehen selbstbewusst für Ihre Ideen, Wünsche und Bedürfnisse ein.
- Sie sind ernsthaft an den Ideen, Wünschen und Bedürfnissen des Kollegen interessiert.
- Sie sehen Ihren Kollegen weder als Ihr »Spielzeug«, das Sie manipulativ herumschieben, noch als jemanden, dem man sich gefügig unterordnen muss.

- Sie unterstützen Ihren Kollegen und bitten auch ganz offen um seine Unterstützung.

3 »Ich bin dir haushoch überlegen!«

Ist das Ihr Gefühl im Umgang mit Kollegen, dann glauben Sie, über den anderen zu stehen, mehr wert zu sein, mehr zu wissen, mehr zu können, besser zu sein als die Kollegen.

Aus dieser Einstellung heraus ergeben sich folgende Verhaltensweisen:

- Sie geben Kollegen keinen Raum, ihre Meinung zu äußern, und wenn, interessieren Sie sich nicht ernsthaft für die Standpunkte der anderen.
- Sie stellen Ihre Ideen, Wünsche und Bedürfnisse über die der Kollegen.
- Sie sehen Ihre Kollegen als Mittel zum Zweck und versuchen entweder, sie durch ein Raum einnehmendes, teilweise aggressives Verhalten zu dominieren, oder wählen den Weg der Manipulation, um Ihre Ziele zu erreichen.
- Alternativ halten Sie Ihren Kollegen für hilflos und meinen, ihn unter Ihre Fittiche nehmen zu müssen, um ihn auf den »richtigen Weg« zu bringen.

Bei der Entwicklung dieses Modells habe ich mich an dem Konzept der »Transaktionsanalyse« orientiert, das 1964 von dem amerikanischen Arzt und Psychologen Eric Berne veröffentlicht wurde. Zur Vertiefung empfehle ich Ihnen das Buch »Ich bin o. k. Du bist o. k.« von Thomas A. Harris, das sich sehr detailliert mit der »Transaktionsanalyse« befasst.

Was glauben Sie, welche der drei Positionen sollten Sie am »Spieltisch« einnehmen, um mit einem herausfordernden Kollegen auf eine möglichst entspannte und zielführende Ebene zu gelangen? Eine rhetorische Frage! Natürlich Position 2. Wenn Sie mit ihm auf Augenhöhe am Tisch Platz nehmen und sich weder kleinlaut darunter verstecken noch dominant daraufstellen, dann erreichen Sie auf lange Sicht mehr. Sich klein zu machen oder den anderen zu beherrschen, führt kurzfristig auch zum Ziel, allerdings sorgt es mit der Zeit zu Schäden in Form von Frust, verweigerter Unterstützung, Überarbeitung, psychischer Belastung et cetera.

Was können Sie tun, wenn Sie sich selbst dabei beobachten, dass Sie im Umgang mit bestimmten Kollegen Position 3 einnehmen und sich über sie stellen?

Entscheidend ist, dass Sie überhaupt wahrnehmen, dass Sie nicht die optimale innere Haltung für ein kollegiales Miteinander haben. Wenn es Ihnen erst einmal bewusst ist, können Sie mit dem Wissen und den Tools aus dem Abschnitt »Die 4 M« gegensteuern.

Wie gehen Sie damit um, wenn Sie Position 1 einnehmen und sich einem bestimmten Kollegen gegenüber kleiner machen, als Sie sind?

Vielleicht denken Sie jetzt, dass das doch höchst selten vorkommt. Wer macht sich denn schon kleiner, als er ist? Sie wären überrascht, wie oft jeder von uns das tut, ohne sich dessen bewusst zu sein. Wir reagieren den Kollegen gegenüber nicht etwa harsch, weil wir uns so stark fühlen, sondern weil wir unsicher sind und glauben, schwach zu sein. Wann immer Sie Wut auf einen Kollegen spüren, checken Sie Ihre Position.

Auch wenn es im ersten Moment paradox anmutet: Selbst wenn Sie dabei erkennen, dass Sie verunsichert unter dem Spieltisch kauern, stärkt diese Erkenntnis Ihr Selbstbewusstsein. Denn jetzt wissen Sie, was mit Ihnen los ist. Nutzen Sie dann den »Wertedetektor« aus dem Abschnitt »Emotionen werden unterbewertet«, um herauszufinden, was genau das aktuelle Gefühl in Ihnen ausgelöst hat. Je klarer Sie sich darüber werden, welchen Ihrer Werte der Kollege in Gefahr gebracht oder bereits verletzt hat und gegen welche Ihrer unbewussten Spielregeln er verstoßen hat, desto leichter wird es Ihnen fallen, auf Position 2 zu wechseln und Ihrem Kollegen Feedback auf Augenhöhe zu geben.

Was bringt es, wenn Sie einem Kollegen auf Augenhöhe begegnen und auf Position 2 Platz nehmen?

Dadurch, dass Sie sich spielbereit an den Tisch setzen, schaffen Sie gute Voraussetzungen dafür, dass auch Ihre »speziellen Kollegen« Ihnen gegenüber Platz nehmen und sich weder kleiner noch größer machen, als sie sind. Wenn ein Kollege trotzdem die dominante Position einnimmt, dann ist eine erste Möglichkeit, ihn zum Positionswechsel zu bewegen, indem Sie ihm offen begegnen und ihm ein Feedback zu seinem Verhalten geben (Siehe Grundpfeiler »Offenheit«). Achten Sie dabei vor allem darauf, in der Ich-Perspektive zu bleiben und »Ich-Botschaften« zu benutzen. Zum Beispiel: »Du hast mich gerade immer wieder unterbrochen. Das ärgert mich, weil mir Respekt wichtig ist. Deshalb möchte ich dich bitten, mich ab sofort ausreden zu lassen.« Dadurch zeigen Sie selbstbewusst, dass Sie sich nicht einschüchtern lassen, ohne sich gleichzeitig selbst über den anderen zu stellen.

Wie schaffen Sie es, einen Kollegen von Position 1 auf Position 2 zu bewegen, sodass er mit Ihnen am Tisch sitzt?

Sollte sich ein Kollege im Miteinander mit Ihnen selbst klein machen und mental die Position unter dem Tisch einnehmen, dann können Sie ihn durch Wertschätzung dazu bringen, sich auf Augenhöhe zu begeben. Geben Sie ihm positives Feedback zu etwas, was Sie an ihm und seinem Verhalten schätzen.

Verwenden Sie dabei als grobe Struktur das Tool »Die fünf Ich« aus dem Abschnitt »Ich-Botschaften«. Den Schritt »... und ich befürchte, dass ...« lassen Sie natürlich weg.

Ein paar Beispiele:

»Als du neulich deine Präsentation gehalten hast, hat mir die Art deines Aufbaus sehr gut gefallen. Mir ist Struktur wichtig und bei deinem Vortrag konnte ich sehr gut folgen. Ich fände es toll, wenn du öfter eine Präsentation übernehmen würdest.«

»Deine Idee beim letzten Meeting war für mich Gold wert! Ich lege Wert auf Kreativität und deshalb hat dein neuer Ansatz für mich genau ins Schwarze getroffen. Ich würde gerne mit dir zusammen weiter an dieser Sache arbeiten!«

»Als du gestern Petra beruhigt hast, nachdem sie angefangen hatte zu weinen, ist mir echt ein Stein vom Herzen gefallen. Ich hatte kurz das Gefühl, die Kontrolle über die Situation zu verlieren, und du hast es geschafft, wieder alles ins Lot zu bringen. Danke dafür! Ich würde gerne von dir lernen, wie du das gemacht hast.«

Mit den Beispielen möchte ich Ihnen zeigen, dass es auch bei positivem Feedback wichtig ist, dass Sie sich auf eine konkrete Situation beziehen, um die beabsichtigte Wirkung zu erzielen. Ich verwende ganz bewusst nicht das Wort »Lob«, da für mich bei diesem Begriff immer eine leichte Überheblichkeit mitschwingt, während Anerkennung oder positives Feedback auf Augenhöhe stattfindet.

Apropos »loben«: Mir wird immer mal wieder die Frage gestellt, ob man seinen Vorgesetzten loben darf. »Chef, ich muss Sie jetzt echt mal loben…« – das ist für mich aus zuvor genanntem Grund ein unpassender Einstieg, aber geben Sie Ihrem Boss gerne öfter mal ein positives Feedback. Je höher man im Unternehmen klettert, desto dünner wird die Luft, und desto seltener bekommt man offene Anerkennung. Und auch Chefs sind Menschen wie Sie und ich, denen Wertschätzung guttut! Alle Ansätze in diesem Buch gelten im Übrigen nicht nur für die »schwierigen Fälle«, sondern lassen sich auch wunderbar anwenden, um gute Beziehungen zu erhalten oder sogar zu stärken.

Auf der nächsten Seite finden Sie eine Zusammenfassung der wichtigsten Aspekte der »Wertschätzung« als dritten Pfeiler des »WOW!-Prinzip« – der Grundhaltung, die für ein besseres Arbeitsklima sorgt.

Im darauf folgenden Teil finden Sie verschiedene Anwendungen des Prinzips im Arbeitsalltag.

Zusammenfassung »Wertschätzung«

- Wertschätzung, der dritte Grundpfeiler des »WOW!-Prinzips«, meint auch oder gerade Kollegen zu schätzen, die eine andere Weltsicht und Arbeitsauffassung haben als wir selber.

- Nicht das Verhalten eines Menschen nervt uns, sondern unsere Bewertung dessen. Unser Blick auf die Kollegen entscheidet zum großen Teil darüber, ob wir gerne mit ihnen zusammenarbeiten oder nicht.

- Hinter jedem scheinbar negativen Verhalten eines Kollegen steckt immer ein positiver Wert.

- Wenn wir uns auf die positiven Absichten und Aspekte der »nervigen« Kollegen fokussieren, dann wird eine konstruktive, wertschätzende Zusammenarbeit möglich.

- Unsere Position am mentalen Spieltisch entscheidet darüber, ob aus dem Umgang mit den Kollegen ein Zusammenspiel oder ein Kampf wird. Anderen Menschen trotz der Unterschiedlichkeit auf Augenhöhe zu begegnen ist die beste Position für gute Zusammenarbeit.

- Manche Konflikte entstehen daraus, dass wir uns kleiner machen, als wir sind. Aus dieser eingebildeten Unterlegenheit reagieren wir aggressiv und wenig wertschätzend auf bestimmte Kollegen und sorgen damit unbewusst selbst für schlechte Zusammenarbeit.

WOW! im Arbeitsalltag

Bis hierher haben Sie viel gelernt über (Selbst-)Wahrnehmung, Offenheit und Wertschätzung. All das zusammen bildet die Grundphilosophie des »WOW!-Prinzips. Um Situationen zu entschärfen reicht es oft schon, wenn Sie sich mit diesem Hintergrundwissen die folgenden drei Fragen stellen:

Was ist meine Wahrnehmung?

Wenn Sie beschreiben können, was genau Sie im Umgang mit dem Kollegen nervt, dann gibt Ihnen das mehr Selbstsicherheit und ermöglicht Ihnen eine klärende Kommunikation. Welche Ihrer Spielregeln und Werte hat Ihr Kollege (ungewollt) verletzt?

Wie sieht es mit meiner Offenheit aus?

Je offener Sie kommunizieren, desto besser kann Ihr Kollege Ihre Position und Ihr Verhalten verstehen. Je offener und interessierter Sie Ihrem Kollegen gegenüber sind, desto besser können Sie dessen Position und Verhalten nachvollziehen. Dieses gegenseitige Verständnis sorgt meist schon für eine Entspannung der Situation.

Zeige ich Wertschätzung?

Wenn wir den anderen abschätzig behandeln, weil er andere Wertmaßstäbe hat als wir, dann sorgen wir damit für verhärtete Fronten. Im Umkehrschluss verhilft ein wertschätzender Umgang mit Andersdenkenden zu neuen Möglichkeiten.

Auf den nächsten Seiten zeige ich Ihnen, wie Sie die Grundhaltung, das Mindset des »WOW!-Prinzips«, noch in Ihrem Arbeitsalltag nutzen können.

Voraussetzungen für das »WOW!-Prinzip«

Das »WOW!-Prinzip« lässt sich in fast allen Situationen anwenden, in denen Kollegen bei Ihnen für Magengrummeln, Schweißausbrüche oder das unbewusste Ballen der Faust in der Tasche sorgen. Es gibt nur drei Ausnahmen:

Ausnahme #1 für das »WOW!-Prinzip«:
Sie sind nicht wirklich bereit, die Beziehung zu Ihren Kollegen zu verändern.

Wenn Sie kein echtes Interesse daran haben, besser mit den aktuell herausfordernden Kollegen zusammenzuarbeiten, dann ist das eine bewusste Entscheidung, die ich respektiere. Sollten Sie allerdings glauben, keinen Einfluss auf eine Veränderung der Beziehung zu Ihren Bürogenossen zu haben, dann übernehmen Sie keine Verantwortung, sondern sehen sich als Opfer. Es könnte sein, dass Sie jetzt mich oder zumindest das Buch doof finden, weil Sie sich missverstanden fühlen. Diesen Preis zahle ich gerne, da ich überzeugt bin, dass jeder, der sich als Opfer fühlt, noch nicht sein volles Potenzial nutzt. Aus meiner Erfahrung weiß ich, dass wir immer eine Wahl und immer Einflussmöglichkeiten haben, auch wenn uns das nicht in jedem Fall bewusst ist. Sie kennen die drei konstruktiven Möglichkeiten, zwischen denen Sie immer wählen können?

LOVE IT! – Sie mögen die Umstände, den Kollegen et cetera. Sie entscheiden sich, nichts zu verändern, da für Sie alles so gut ist, wie es gerade ist.

CHANGE IT! – Ihnen missfallen die Umstände, der Kollege et cetera. Sie entscheiden sich, Ihren Einfluss zu nutzen und die Dinge zu ändern, die Ihnen nicht gefallen.

LEAVE IT! – Ihnen missfallen die Umstände, der Kollege et cetera und Sie wollen entweder nichts daran ändern oder sehen keinen Weg, die Dinge zu Ihrer vollen Zufriedenheit anzupassen. Als Konsequenz entscheiden Sie sich, zu gehen, das heißt den Arbeitgeber zu wechseln oder eine andere Stelle innerhalb des Unternehmens anzutreten.

Sie vermissen Möglichkeit Nummer vier: jammern und klagen? Diese Option steht leider nicht zur Verfügung, da sie nicht konstruktiv ist. Jammern verändert nichts an einer schlechten Beziehung und hat zudem noch einen schlechten Einfluss auf Ihre Lebenseinstellung. Der Psychologe Jeffrey Lohr von der University of Arkansas hat erforscht, dass regelmäßiges Jammern dazu führt, dass sich die Neuronen auf eine Weise vernetzen, die die Gedanken immer öfter in eine negative Richtung lenkt – egal ob es um einen nervigen Kollegen geht oder ganz andere Lebensbereiche betrifft. Das heißt, auch wenn Jammern kurzfristig scheinbar erleichtert, machen Sie sich damit langfristig das (Zusammen-)Leben sogar noch schwerer.

Als wäre das noch nicht genug: Eine Studie der Stanford University belegt, dass Jammern den Hippocampus schrumpfen lässt. Dieser Teil des Gehirns ist für die Erinnerung zuständig. Jammern fördert also die Vergesslichkeit. Wobei, das wäre ja gar nicht so schlecht! Sehen Sie sich einfach weiter als Opfer und jammern Sie so oft es geht, denn dann vergessen Sie irgendwann, dass die »unmöglichen Kollegen« überhaupt existieren!

»Positive Energie geschieht nicht einfach. Sie wird bewusst hergestellt.« – Das ist die Erkenntnis von Dr. Klaus Biedermann, einem meiner Coachinglehrer. Nach über zehn Jahren als Coach kann ich ihm zu 100 Prozent zustimmen. Wenn Sie wirklich die Beziehung zu Ihren Kollegen verbessern wollen, dann investieren Sie Ihre Energie nicht in Jammern, sondern in die positive Absicht, etwas zu verändern.

Ausnahme #2 für das »WOW!-Prinzip«:
Sie sind nicht vom »WOW!-Prinzip« überzeugt.

> »Herr Fischedick, Ihr Ansatz klingt ja ganz plausibel, aber das lässt sich bei uns nicht umsetzen – bei uns im Unternehmen ist alles anders!«
> »Ich würde ja gerne das Prinzip nutzen, aber dann würde den Kollegen ja sofort auffallen, dass ich etwas anders mache als vorher. Die sollen auf keinen Fall merken, dass ich dieses Buch gelesen habe!«
> »Das funktioniert doch eh alles nicht!«

Das sind Beispielkommentare von kritischen Seminarteilnehmern, die vielleicht auch Ihnen durch den Kopf gegangen sind. Meine Gedanken dazu:

1. Jedes Unternehmen, jede Abteilung, jedes Team ist anders – das stimmt! Doch eines haben wir alle gemeinsam: Wir sind Menschen! Deshalb funktioniert das »WOW!-Prinzip« mit fast jedem Kollegen – die wenigen Ausnahmen finden Sie später in dem Abschnitt »Wenn die Kollegen wirklich nicht mitspielen wollen«.
2. Sollten Sie auf der Suche nach einem Vorgehen sein, von dem Ihre Kollegen nichts merken, dann bin ich der falsche Ansprechpartner. Leider sind meine Fähigkeiten in »versteckter Hypnose« und »Gedankenkontrolle« nicht sonderlich ausgeprägt. Im Ernst: Wenn wir ein anderes Ergebnis im Umgang mit unseren Mitmenschen erzielen möchten, gehört immer eine Verhaltensänderung dazu und die bemerkt unser Gegenüber nun mal. Vielleicht kann der an-

dere nicht benennen, was genau anders ist, aber die Veränderung wird auffallen. Wenn Sie alles so wie bisher machen, fällt dem Kollegen nichts auf, aber es verändert sich auch nichts.

3. Wenn wir wollen, finden wir bei jeder Methode Gründe, warum sie in unseren Augen nicht funktionieren »kann«, und unsere Erfahrungen damit werden uns recht geben. Haben Sie schon mal von dem »Anti-Placeboeffekt« gehört? Genauso wie ein medizinisches Scheinpräparat ohne Wirkstoffe einen positiven Effekt haben kann, nur weil wir glauben, dass es wirkt (»Placeboeffekt«), haben Studien auch den gegenteiligen Mechanismus bewiesen. Probanden wurden starke Schlafmittel verabreicht mit der Behauptung, dass es sich dabei nur um wirkungslosen Traubenzucker handeln würde. Dies hatte zur Folge, dass ein Großteil der Teilnehmer nicht müde wurde – trotz der potenten Wirkstoffe. Das Gleiche gilt für die Ansätze hier im Buch: Sie sind wirkungsvoll, jedoch werden sie keinen Effekt haben, wenn Sie nicht an die Wirkung glauben. Sind Sie dagegen der Überzeugung, dass die eine oder andere Idee des »WOW!-Prinzips« einen Nutzen für Sie hat, werden Sie damit auf Ihre Art einen positiven Effekt erzeugen.

Unter dem Strich hängt es nur davon ab, ob Sie meinem Ansatz eine Chance geben oder nicht. Wenn Sie Ihren Kollegen auch nur einen Tag lang bewusst nicht mehr als Rivalen sehen, sondern als Spielpartner und nicht mehr Schlachten gegen ihn schlagen, sondern ihm spielerisch begegnen, werden Sie schon einen Unterschied bemerken – versprochen! Wichtig ist, dass Sie sich dabei wirklich auf Augenhöhe mit ihm begeben.

Ein Seminarteilnehmer hat mir berichtet, dass das bei ihm nicht so richtig funktioniert habe. Er sagte, er sei seinem Kollegen mit der Haltung »Ich bin okay! – Du bist okay!« gegenübergetreten und trotzdem habe dieser mit Abwehr reagiert. Als ich mit ihm die Situation analysierte, stellte sich heraus, dass für ihn »Ich bin okay! – Du bist okay!« bedeutete, dass er dem anderen alles ungefiltert an den Kopf knallen durfte, weil der ihn ja in jedem Fall »okay« finden müsse. – Das ist keine echte Augenhöhe und Wertschätzung und nicht die Haltung, die ich unterstütze. Der Teilnehmer erkannte, dass er »ein wenig« an seiner Empathie und Wertschätzung arbeiten musste, und beim nächsten Seminar war er begeistert, welche positive Wirkung seine veränderte Haltung hatte.

Ausnahme #3 für das »WOW!-Prinzip«:
Die Beziehung zum Kollegen ist schon zu stark eskaliert.

Wenn die Fronten zwischen Ihnen und einem Ihrer Kollegen zu sehr verhärtet sind, dann ist die Wahrscheinlichkeit gering, dass Sie mit dem »WOW!-Prinzip« oder irgendeiner anderen Methode ohne Unterstützung von außen eine Lösung herbeiführen können. Um zu erkennen, wann die Grenze überschritten ist, hat sich das »Phasenmodell der Eskalation« des österreichischen Konfliktforschers Friedrich Glasl bewährt:

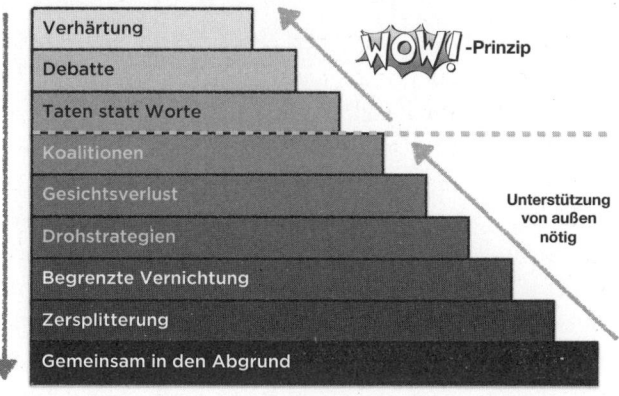

Jeder Konflikt, der nicht bearbeitet wird, führt Schritt für Schritt immer weiter in den Abgrund. Glasl unterscheidet dabei zwischen neun Stufen.

Stufe 1 – Verhärtung

Es herrschen Spannungen zwischen Ihnen und Ihrem Kollegen, Sie prallen mit Ihren Meinungen aufeinander. Dies ist noch nicht unbedingt ein Konflikt. Wenn die Standpunkte aber beginnen, sich zu verhärten, dann ist das zumindest ein Beginn und sollte bearbeitet werden, zum Beispiel mithilfe des »WOW!-Prinzips«, um eine Verschlimmerung zu vermeiden.

Stufe 2 – Debatte

Wenn Sie sich Strategien überlegen, um den anderen von den eigenen Argumenten zu überzeugen, Meinungsverschiedenheiten zu einem Streit führen, Sie sich gegenseitig unter Druck setzen, dann befindet sich das Verhältnis zu Ihrem

Kollegen auf dieser Stufe. Um das Schwarz-Weiß-Denken aufzulösen und die Konflikt-Treppe wieder nach oben zu steigen, eignet sich auch jetzt noch das »WOW!-Prinzip«.

Stufe 3 – Taten statt Worte

Wenn Sie und Ihr Kollege immer weniger miteinander sprechen, Diskussionen abbrechen, wenn überhaupt, nur schriftlich miteinander verkehren und das gegenseitige Mitgefühl verloren gegangen ist, dann sind Sie auf dieser Konfliktstufe angekommen. Selbst hier könnten Sie sich noch selbst wachrütteln und das »WOW!-Prinzip« nutzen, um den Abstieg zu stoppen und die Treppe wieder nach oben zu kommen.

Befinden Sie sich dagegen in der Beziehung zu einem Kollegen schon auf einer der folgenden Stufen, ist eine eigene Deeskalation kaum noch möglich, da die Fronten zu verhärtet sind. Hier ist eine Lösung meist nur noch durch externe Moderation, Mediation oder sogar eine richterliche Entscheidung möglich.

Stufe 4 – Koalitionen

Der Konflikt ist so verschärft, dass Sie beide sich Sympathisanten für Ihren jeweiligen Standpunkt suchen. Sie und/oder Ihr Kollege glauben sich im Recht und beginnen, den Gegner zu denunzieren. Es geht nicht mehr um die Sache, sondern darum, den Konflikt zu gewinnen, damit der Kollege verliert.

Stufe 5 – Gesichtsverlust

Um die Position des anderen zu schwächen, ziehen Sie sich gegenseitig in den Schmutz. Sie unterstellen sich unmoralische Absichten, stellen sich bloß et cetera. Der letzte Rest des gegenseitigen Vertrauens wird dadurch zerstört.

Stufe 6 – Drohstrategien

Um die eigene Macht zu demonstrieren und die Kontrolle über die Situation zu erlangen, drohen Sie sich gegenseitig: »Ich mache Meldung beim Chef!«, »Darüber kann der Betriebsrat ja entscheiden!«, »Wenn du nicht einlenkst, bekommst du hier keinen Fuß mehr auf den Boden!« et cetera.

Stufe 7 – Begrenzte Vernichtung

Wenn Sie und Ihr Kollege sich nicht mehr als Menschen wahrnehmen, sondern Sie den anderen nur noch als Gegner sehen, dem man bewusst Schaden zufügen muss, dann sind Sie auf dieser Konfliktstufe angelangt. Sie löschen oder verändern heimlich Dateien des anderen, vergiften die Topfpflanze auf dessen Schreibtisch, zerkratzen das gegnerische Auto et cetera. Unter Umständen nehmen Sie sogar begrenzten eigenen Schaden in Kauf, solange der des Gegners größer ist.

Stufe 8 – Zersplitterung

Wenn Ihre Angriffe nicht mehr nur den Kollegen treffen, sondern auch dessen Verbündete, und/oder Ihre Vertrauten vom Gegner attackiert werden, dann ist dieser Eskalationsgrad erreicht. Das gegenseitige Ziel ist nicht mehr, in der ursprünglichen Sache recht zu bekommen, sondern das Unterstützersystem des Gegners mit Vernichtungsaktionen zu zerstören.

Stufe 9 – Gemeinsam in den Abgrund

Dass Ihr Konflikt mit dem Kollegen auf dieser Stufe angelangt ist, bemerken Sie daran, dass es jetzt nur noch um die Vernichtung des anderen geht – sogar um den Preis, selbst mit in den Abgrund zu stürzen. Wenn es Ihnen egal ist, aufgrund Ihrer Attacken den Job zu verlieren oder im Gefängnis zu landen, dann befinden Sie sich hier.

Dieses Modell gilt übrigens nicht nur für Konflikte mit Kollegen, sondern auch für Streitigkeiten mit dem Partner, die leicht zum Rosenkrieg werden können, oder für Auseinandersetzungen zwischen Staaten, die manchmal zum echten Krieg entflammen. Ein kleiner Mann mit Schnauzer, der gerne Braun trug, hat sehr deutlich gezeigt, wie schnell man auf Stufe neun ist – selbst wenn der Preis der Tod von Millionen Soldaten und Zivilisten aus dem eigenen Land ist.

»Wehret den Anfängen!« ist auch die passende Devise im Umgang mit Ihren Kollegen. Zu oft lächeln wir keimende Spannungen weg, übergießen sie mit Zuckerguss oder versuchen, sie mit einem »Das gehört halt dazu!« zu entkräften. Je eher Sie einen schwelenden Konflikt erkennen, desto leichter können Sie ihn lösen.

Selbstreflexion »Auf welchen Eskalationsstufen befinde ich mich mit meinen Kollegen?«

Checken Sie Ihre Beziehungen zu Ihren Kollegen. Befinden sich einige davon schon auf einer der Eskalationsstufen?

Was könnte der erste Schritt sein, um eine Verschlimmerung zu vermeiden?

Wie ist Ihre Bilanz? Ich gehe davon aus, dass Sie mit einigen Kollegen Konflikte haben – vielleicht auch nur »klitzekleine«. Wenn Sie denken: »Ich? Ich habe doch keine Konflikte!«, dann sind Sie entweder erleuchtet oder ... gefühlsblind. Es wäre ein Wunder, wenn Sie mit allen einer Meinung wären und bei Differenzen vollkommen entspannt blieben. Auch ich als Coach schwebe nicht auf einer rosaroten Wolke der Liebe und herze jeden, egal was er für eine Meinung hat. Meinungsverschiedenheiten sind menschlich, aber Sie können etwas dafür tun, das sie nicht zu zerstörerischen Konflikten eskalieren.

Um weniger Konflikte und mehr »WOW!« in Ihren Arbeitsalltag zu bringen, ist die richtige Vorbereitung nötig. Wie das geht, erfahren Sie ab der nächsten Seite!

Erst mal ganz entspannt

Manche Kollegen sind für uns, was das rote Tuch für den Stier ist. Wir scharren mit den Hufen, schnauben und würden am liebsten sofort auf sie zustürmen, um ihnen ... liebevoll zu sagen, was uns stört, und gemeinsam nach einer Lösung zu suchen. Am Anfang des Satzes haben Sie sich vielleicht wiedererkannt, nur der liebevolle Teil am Ende ist Ihnen (noch) fremd. Woran liegt das? Wenn wir uns über jemanden ärgern, dann sind wir im wahrsten Sinne des Wortes blind vor Wut und übersehen dadurch Chancen und Möglichkeiten, wie eine gute Zusammenarbeit zu erreichen wäre, die sogar Spaß machen kann. Um Ihren Blick für ungenutzte Potenziale zu öffnen und eine wirkungsvolle Anwendung des »WOW!-Prinzips« zu ermöglichen, ist deshalb Entspannung der erste Schritt.

Das Mittel, das Stresshormone am schnellsten abbaut, ist Bewegung, und sie hat weniger Nebenwirkungen als Alkohol und Drogen. Das heißt nicht, dass Sie sofort einen Marathon laufen sollen, sobald Ihnen aufgrund des Verhaltens eines Kollegen der Kragen platzt. Kleine Bewegungseinheiten reichen vollkommen:

- Nehmen Sie auf dem Weg durchs Gebäude die Treppe anstelle des Fahrstuhls.
- Rufen Sie Kollegen nicht an, sondern gehen Sie zu ihnen und führen Sie die Gespräche im Stehen.
- Kniebeugen beanspruchen die großen Beinmuskeln, dadurch bauen Sie schnell Stresshormone ab.
- Machen Sie einen 15-minütigen Spaziergang in der Mittagspause. Je schneller Sie gehen, desto mehr negative Energie bauen Sie ab.
- ...

Während Bewegung bestehenden Stress abbaut, sorgt Entspannung dafür, dass keine neuen Stresshormone produziert werden. Hier drei Tipps für schnelle Entspannung am Arbeitsplatz:

Tool »Entspannungsübungen«
Atmen

Sie kennen sicher die Redensart: »Jetzt hol doch erst mal tief Luft!« Doch genau das ist falsch, um zu entspannen. Richtig müsste es heißen: »Jetzt atme doch erst mal tief aus!«

Atmen Sie ganz bewusst langsam ein und aus, dabei soll das Ausströmen der Luft doppelt so lange dauern wie das Einströmen. Das ist übrigens auch einer der Gründe, warum Rauchen entspannt – auch hier wird der Rauch länger ausgepustet, als eingeatmet. Ohne Zigarette ist diese Atemtechnik allerdings wesentlich gesünder und geldsparender.

Genauso entscheidend wie der Atemrhythmus ist die Region, in die Sie atmen. Sie entspannen nur, wenn Sie in den Bauch atmen, das heißt die Bauchdecke wölbt sich beim Luftholen nach vorne und sinkt beim Ausatmen wieder. Kontraproduktiv wäre es, in die Brust zu atmen, das heißt die Brust hebt und senkt sich und die Bauchdecke bleibt statisch. Wenn Sie sich dabei »ertappen«, dann ist das ein Zeichen von Stress. Umso mehr sollten Sie bewusst in den Bauch atmen. Das geht leichter, wenn Sie dabei eine Hand auf den Bauch legen und sich auf diese Region fokussieren.

Manche Menschen finden spontan die Brustatmung entspannender. Das ist ein Trugschluss, denn relaxend ist sie in keinem Fall, sie fühlt sich für einige nur gewohnter an, weil sie ständig unter Stress stehen.

Fingerübung

Kleine Bewegungen reichen oft schon aus, um Ihren Fokus von stressenden Situationen wegzulenken und wieder etwas zur Ruhe zu kommen. Ein Beispiel dafür ist die folgende Übung, bei der es darum geht, jeden Ihrer Finger einzeln wahrzunehmen: Beginnen Sie immer mit dem gestreckten Finger. Führen Sie mit jedem Finger eine Beuge- und eine Streckbewegung aus. Diese Bewegungen sollten langsam und fließend erfolgen. Anschließend kreisen Sie mehrmals jeden Finger im Grundgelenk, direkt am Ansatz zur Handfläche. Wechseln Sie anschließend die Richtung. So ganz nebenbei verbessern Sie mit dieser Übung auch noch Ihre Merkfähigkeit und Ihr Kurzzeitgedächtnis.

Ganzkörper-Entspannung

Dies ist eine der bekanntesten Entspannungsübungen, die es gibt: Die progressive Muskelentspannung nach Jacobson. Das Grundprinzip besteht darin, einzelne Muskelgruppen anzuspannen und danach wieder lockerzulassen. Durch den spürbaren Unterschied fällt es leichter zu entspannen. Ich möchte Ihnen hier eine verkürzte Variante vorstellen:

Sie sitzen, stehen oder liegen und spannen mit einem Mal alle Muskeln in Ihrem Körper so fest wie möglich an. Ballen Sie die Fäuste, spannen Sie die Arme an, ziehen Sie die Schultern hoch zu den Ohren, pressen Sie die Lippen aufeinander und die Augen zu, kneifen Sie die Pobacken zusammen, spannen Sie die Muskeln in den Beinen an und ziehen Sie die Zehenspitzen in Richtung der Schienbeine. Halten Sie dabei die Luft an und zählen Sie langsam bis fünf. Atmen Sie dann mit einem kräftigen Stoß aus und entspannen Sie Ihren gesamten Körper wieder. Spüren Sie bewusst, wie sich die Anspannungen lösen, und wiederholen Sie die Übung, so oft Sie mögen.

Alle Übungen dienen nicht nur Ihrer körperlichen Entspannung, sondern sorgen auch dafür, dass Sie gedanklich Abstand gewinnen.

Jetzt, da Sie mit mehr Gelassenheit auf die aktuelle Situation schauen können, ist der nächste Schritt, mit der »WOW!-Haltung« bestehende Konflikte zu lösen. Darum geht es im weiteren Verlauf.

Die Grundlage für gute Zusammenarbeit: Bestehende Konflikte lösen

»Endlich mal reinen Tisch machen!« – das ist oft die Sehnsucht, wenn es mit den Kollegen nicht so gut läuft. Dabei gibt es fünf verschiedene Strategien, wie Sie mit vorhandenen Konflikten umgehen können:

Durchsetzen (Win – Lose)
Sie beharren auf Ihren Interessen, und die Bedürfnisse des Kollegen sind Ihnen gleichgültig. Sie sind der Meinung, dass es bei einem Konflikt nur einen Sieger geben kann, und der müssen Sie sein. Welchen Preis der andere für Ihren Sieg zahlt, ist Ihnen egal.

Vermeiden (Lose – Lose)
Sie haben schlechte Erfahrungen mit Auseinandersetzungen gemacht. Deshalb leugnen Sie vor sich selbst und anderen, dass es überhaupt Konflikte gibt, und versuchen, diese verkrampft wegzulächeln, spielen sie herunter oder setzen sich Scheuklappen auf. Durch diese Vermeidung schwelen bestehende Konflikte immer weiter, sodass am Ende beide Seiten verlieren.

Nachgeben (Lose – Win)

Sie wollen Harmonie um jeden Preis und geben dafür sogar Ihre eigenen Interessen auf. Der Kollege bekommt in allen Punkten »recht«, und Sie haben wieder Ruhe. Sie rechtfertigen dieses Verhalten mit der Einstellung »Der Klügere gibt nach«.

Kompromiss (Fifty – Fifty)

Sie und Ihr Kollege verzichten auf einzelne Aspekte Ihrer Interessen und kommen sich entgegen. Auf den ersten Blick wirkt das Ergebnis wie eine faire Lösung, dennoch bleibt ein fader Nachgeschmack, weil alle Beteiligten das Gefühl haben, den Konflikt verloren zu haben.

Zusammenspiel (Win – Win)

Sie sind bereit, Zeit und Energie in eine Konfliktlösung zu investieren, die die Interessen beider Seiten berücksichtigt. Auch wenn es am Anfang ausweglos scheint, bleiben Sie mit Zuversicht bei der Sache, um einen Weg zu finden, die Bedürfnisse aller Beteiligten zu erfüllen.

Hier sehen Sie die Konfliktstile im Überblick:

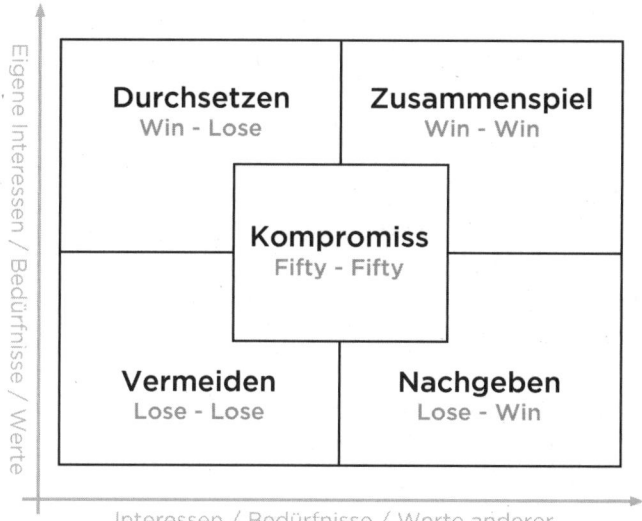

Was für einen Stil jeder von uns bevorzugt, wird von unserer Erziehung und unseren Erfahrungen beeinflusst. Ist Ihnen bewusst, welche Strategie Sie primär bei Auseinandersetzungen verfolgen? Wenn Sie unsicher sind, dann finden Sie im Anhang einen Selbsttest, der Ihnen Klarheit über Ihren persönlichen Konfliktstil gibt.

Was glauben Sie, welcher Stil auf dem »WOW!-Prinzip« beruht?

Na klar, das »Zusammenspiel« (Win-Win)! Nur bei dieser Art, mit Konflikten umzugehen, nehmen Sie Ihre eigenen Interessen wahr, sind gleichzeitig offen für die Bedürfnisse des anderen und bereit, eine Lösung zu finden, die für beide Seiten wertvoll ist, ohne auf etwas zu verzichten.

Oft wird angenommen, ein Kompromiss sei eine gute Lösung. Beide Seiten verzichten auf einen Teil – das ist doch fair, oder? Auf den ersten Blick vielleicht, bei näherer Betrachtung nicht. Ich möchte es Ihnen anhand eines plakativen Beispiels deutlich machen:

Kunde: »Was soll das Auto kosten?«

Verkäufer: »40 000 Euro.«

Kunde: »40 000 Euro? Das ist viel zu viel. Ich würde Ihnen 30 000 Euro dafür geben.«

Verkäufer: »Was? Das geht auf gar keinen Fall – da müsste ich ja was drauflegen. 30 000 Euro sind entschieden zu wenig!«

Kunde: »Also gut… dann treffen wir uns in der Mitte: 35 000 Euro.«

Verkäufer: »Das ist ein fairer Kompromiss! Hand drauf!«

Warum sollte das kein fairer Deal sein? Weil die »Startgebote« willkürlich sind. Der Verkaufspreis hätte auch auf 50 000 Euro festgelegt sein können oder warum nicht gleich auf 100 000 Euro. Wenn der Verkäufer sich dann ganz »fair« mit dem Käufer in der Mitte getroffen hätte, läge der Preis für dasselbe Auto bei 65 000 Euro. Genauso hätte der Kunde mit 20 000 Euro ins Rennen gehen können, um so den »fairen« Kompromiss nach unten zu drücken. Das Ergebnis ist also nicht wirklich gerecht.

Meine Empfehlung für einen echten Win-Win-Ausgang eines Konflikts lautet daher, nicht nach einem Kompromiss, sondern nach einem Konsens zu suchen. Der Unterschied ist, dass hier beide Parteien auf nichts verzichten, sondern bekommen, was sie wirklich wollen. Das klingt vielleicht unglaublich, ist aber möglich. Hier der Weg, wie es gelingen kann:

Wenn wir mit einem Kollegen eine Meinungsverschiedenheit haben, dann fühlen wir uns häufig wie auf der folgenden Zeichnung:

Unsere Positionen liegen so weit auseinander wie zwei Eisberge in stürmischer See, und wir glauben, niemals einen Weg zu finden, um zueinander zu gelangen. Und genau diese Sichtweise behindert uns beim Finden von Lösungen, die für beide Seiten einen Gewinn bedeuten würden. Wenn Sie allerdings Ihren Blick weiten und bei sich und dem Konfliktpartner tiefer gehen, dann entdecken Sie viele neue Optionen und vielleicht sogar schon vorhandene Verbindungen zu dem anderen. Wie bei echten Eisbergen befindet sich der entscheidende, größere Teil des Ganzen unter der Oberfläche.

Was heißt das konkret? Nehmen wir ein reales Beispiel: Ich habe bei einem Unternehmen eine Mediation zwischen zwei Mitarbeiterinnen aus dem Rechnungswesen geleitet. Es ging um verschiedene Konfliktthemen, eines davon war das Thema »Nummerierung von Belegen«. Die eine Mitarbeiterin hielt es für richtig, alle Belege mit einem Stempel zu nummerieren, der sich automatisch immer eine Stelle weiterdreht. Ihre Kollegin war der Überzeugung, dass es besser sei, die Belege von Hand zu nummerieren. Darüber war in den Wochen vor der Mediation ein solcher Streit entbrannt, dass die beiden nicht mehr miteinander gesprochen haben und sich schon Verbündete gesucht hatten, mit denen gemeinsam über die jeweils andere gejammert wurde. Sie befanden sich also schon auf Stufe 4 (»Koalitionen«) der Eskalationsstufen. Dies war auch der Grund, warum ich als externer Schlichter dazugerufen wurde, denn die zwei waren selbst nicht mehr in der Lage, offen aufeinander zuzugehen.

Die Fokussierung auf Interessen statt auf Positionen bietet mehr Lösungsmöglichkeiten bei Konflikten

Bisher hatten die beiden Kolleginnen nur jeweils ihre Position voreinander verteidigt: »Die Belege müssen mit dem Stempel nummeriert werden!« versus »Die Belege müssen von Hand nummeriert werden!«. Solange wir ausschließlich über Positionen diskutieren oder streiten, gibt es nur zwei »Bausteine«, die man unterschiedlich kombinieren kann. Dadurch sind grundsätzlich nur vier Ergebnisse möglich:

1. Der eine setzt sich durch (»Die Belege werden mit dem Stempel nummeriert«)
   > eine Konfliktpartei ist zufrieden, die andere nicht
2. Der andere setzt sich durch (»Die Belege werden von Hand nummeriert«)
   > eine Konfliktpartei ist zufrieden, die andere nicht
3. Es gibt einen Kompromiss (»Ein Teil der Belege wird von Hand nummeriert, der andere mit dem Stempel«)
   > beide Konfliktparteien sind nicht wirklich zufrieden
4. Man einigt sich nicht (»Die Kollegin ist doof und hat keine Ahnung vom Job!«)
   > der Konflikt schwelt und eskaliert immer weiter

Sobald wir aber anfangen, uns damit zu beschäftigen, welche Interessen, Werte und Bedürfnisse hinter den beiden Positionen stecken, ergeben sich unzählige neue Lösungsmöglichkeiten, die beide Seiten zufriedenstellen können und über einen Kompromiss hinausgehen.

In meinem Beispiel mit der Nummerierung der Belege stellte sich auf Nachfrage Folgendes heraus:

Position Mitarbeiterin 1: »Die Belege müssen mit dem Stempel nummeriert werden!«

Interessen / Werte / Bedürfnisse: Der Mitarbeiterin ist Struktur sehr wichtig. Sie hat bei ihrer Einarbeitung von ihrer Vorgängerin gelernt, dass die Belege mithilfe des Stempels eine Nummer bekommen, deshalb war für sie klar: »So macht man das hier!« Diese Regel hat sie als feste Vorgabe übernommen. Außerdem ist ihr die Außenwirkung der Abteilung wichtig, und sie fürchtet, dass es einen schlechten Eindruck machen könnte, wenn ein Teil der Belege von Hand nummeriert ist und der andere Teil gestempelt wurde. Zudem hat die Mitarbeiterin ein Bedürfnis nach Offenheit und Austausch. Sie hat sich nicht nur darüber geärgert, dass die Kollegin sich bei der Nummerierung auf einmal nicht mehr an das System gehalten hat, sondern war auch darüber erzürnt, dass ihre Mitstreiterin das Vorgehen einfach geändert hat, ohne sich vorher mit ihr abzustimmen.

Position Mitarbeiterin 2: »Die Belege müssen von Hand nummeriert werden!«

Interessen / Werte / Bedürfnisse: Dieser Mitarbeiterin ist Effizienz sehr wichtig. Sie war schon lange davon genervt, den Stempel immer mühsam auf die entsprechende Anfangsnummer drehen zu müssen, da dies nur mit viel Kraft, verschmierten Fingern und dem Risiko eines abgebrochenen Fingernagels möglich war. Ihr kam irgendwann die Idee, dass es ja viel schneller gehe, die Nummern einfach per Hand zu schreiben. Für Sie war das Ziel entscheidend: Möglichst schnell jeden Beleg mit einer individuellen Nummer zu versehen. Außerdem ist einer der wichtigsten Werte dieser Kollegin »Freiheit«, deshalb war es für sie selbstverständlich, sich die Freiheit zu nehmen, die Arbeit auf ihre Art zu erledigen.

Dieses Beispiel macht wieder einmal deutlich, dass einem Streit mit den Kollegen meist ein Wertekonflikt zugrunde liegt. Hier ist es die Spannung zwischen den Werten »Struktur« und »Freiheit«.

Durch das Offenlegen der Hintergründe entstand bei den beiden Damen aus dem Rechnungswesen ein ganz anderes Verständnis für das Verhalten und die Position der jeweils anderen. Die eine Mitarbeiterin, die am Stempeln festgehalten hatte, konnte nun verstehen, dass Ihre Kollegin wegen der Zeitersparnis von Hand nummerierte und nicht, um sie zu ärgern. Die andere Mitarbeiterin begriff, dass der Kollegin unter anderem die fehlende Absprache sauer aufgestoßen war.

Statt weiter über ihre unterschiedlichen Positionen zu streiten, konnten die beiden Kolleginnen mit meiner Unterstützung Rahmenbedingungen festlegen, die nötig waren, um einen Konsens zu finden, also eine neue Lösung, die die Werte, Bedürfnisse und Interessen beider gleichermaßen berücksichtigte. Das klärende Gespräch hatte ergeben, dass es darum ging, für zwei Aspekte eine gemeinschaftliche Lösung zu finden:

1. Die Art der Nummerierung der Belege
2. Der Grad der Freiheit bei der Veränderung von Arbeitsabläufen

In Bezug auf das Nummerieren einigten die beiden sich auf die Bedingung:

Das Verfahren sollte in Zukunft einheitlich, bequem und effizient erfolgen.

Der gemeinschaftlich gewünschte Rahmen für zukünftige Veränderungen von Arbeitsabläufen war:

Es soll eine Offenheit für die Änderung von Vorgehensweisen geben, auch wenn diese seit Langem etabliert sind, solange die Veränderungen beiden sinnvoll erscheinen und sie untereinander abgesprochen werden.

Welche Ideen haben Sie, wie diese Rahmenbedingungen in Zukunft erfüllt werden könnten? Entwickeln Sie pro Unterthema mindestens drei Ansätze:

So könnte die Nummerierung der Belege in Zukunft erfolgen, sodass sie einheitlich, bequem und effizient ist:

1. _____

_____

_____

2. _____

_____

_____

3. _____

_____

_____

So könnten die Kolleginnen offener mit Änderung von Vorgehensweisen umgehen und gleichzeitig sicherstellen, dass beide die Veränderungen für sinnvoll halten und sie untereinander absprechen:

1. _____

_____

_____

2. _____

_____

_____

3. _____

_____

_____

Hier ein paar Ideen, die wir in der Mediation entwickelt haben:

Nummerierung der Belege

- Es wird ein neuer Stempel angeschafft, der schneller und leichter zu verstellen ist.
- Ab jetzt werden alle Belege von Hand nummeriert.
- Es werden vorgedruckte Nummernetiketten verwendet.
- ...

Änderungen von Vorgehensweisen

- Einmal im Quartal setzen sich beide zusammen und beleuchten, ob ihre aktuellen Arbeitsabläufe noch sinnvoll sind oder ob eine Optimierung möglich ist.
- Wenn jemand eine Idee für eine Veränderung der Abläufe hat, fragt er den anderen nach dessen Meinung.
- Es werden Bereiche abgestimmt, in denen jeder ganz frei auf seine Art und Weise arbeiten kann, andere Prozesse werden einvernehmlich als »unveränderbar« definiert.
- ...

Sie sehen, auf einmal öffnet sich der Horizont, und es gibt jede Menge Optionen, die beide Seiten gleichermaßen zufriedenstellen.

Jetzt sind Sie vielleicht neugierig, wie der Fall ausgegangen ist. Da es in der Abteilung sowieso gerade eine Umstrukturierung gab, haben die zwei sich für folgende finale Lösung entschieden: Eine von beiden übernimmt die Belegverwaltung komplett und hat damit alle Freiheiten in der Gestaltung, die andere bringt ihre frei gewordenen Kapazitäten in anderen Bereichen der Abteilung ein. Die beiden Damen sind heute nicht die besten Freundinnen, aber sie können sich entspannt begegnen, ohne sich gegenseitig mit Stempeln oder Stiften zu malträtieren.

Damit Sie diese Methode auch für sich anwenden können, hier das Vorgehen im Überblick:

Tool »Konfliktlösung nach Harvard«

Der hier beschriebene Ansatz beruht auf dem sogenannten »Harvard Konzept«, einer Verhandlungsmethode, die 1981 von den amerikanischen Rechtswissenschaftlern Roger Fisher und William L. Ury entwickelt wurde. Falls Sie mehr darüber erfahren möchten, dann finden Sie ganze Bücher dazu.

Ich benutze in der Beschreibung ganz bewusst das Wort »Konfliktpartner«, um deutlich zu machen, dass Sie sich von Anfang an auf Augenhöhe begegnen sollten.

Vorbereitung

Bitten Sie den Kollegen um einen Termin für ein klärendes Gespräch, in dem Sie mit ihm eine Lösung für Ihren aktuellen Konflikt suchen wollen, die für beide Seiten zufriedenstellend ist. Planen Sie für das Treffen mindestens eine Stunde ein. Alternativ machen Sie mehrere kürzere Treffen, in denen Sie immer etwas weiter an der gemeinschaftlichen Lösung arbeiten. Hier gibt es keine Faustregel, da viele Faktoren eine Rolle spielen, wie zum Beispiel die Komplexität des Themas, der Grad der Offenheit auf beiden Seiten et cetera. Vertrauen Sie auf Ihr Gespür. Entscheidend für ein Gelingen ist in jedem Fall die »WOW!-Haltung« (Wahrnehmung-Offenheit-Wertschätzung).

Suchen Sie sich für das Gespräch einen Ort, an dem Sie ungestört sind.

Machen Sie sich während der Treffen Notizen, damit Sie den Überblick behalten.

1. Schritt: Positionen klären

- Bitten Sie Ihren Konfliktpartner, seine Position klar zu formulieren. Zum Beispiel:

  »Wie ist dein Standpunkt?«

  »Was ist dein Wunsch?«

  »Welche Lösung wäre aus deiner Sicht die beste?«
- Stellen Sie, falls nötig, Verständnisfragen.
- Benennen Sie konkret Ihre Position.

Wichtig ist hierbei, dass Sie nicht diskutieren oder dagegen argumentieren, sondern beide Seiten die Chance haben, kurz und prägnant Ihren Standpunkt deutlich zu machen.

2. Schritt: Hintergründe klären

- Bitten Sie Ihren Konfliktpartner, die Hintergründe für seine Position zu erklären. Zum Beispiel:

  »Warum genau möchtest du X?«

  »Was wäre anders, wenn wir X machen würden?«

  »Weshalb ist dir X so wichtig?«
- Stellen Sie Verständnisfragen und hören Sie werteorientiert zu: Welche Werte und Bedürfnisse könnten sich hinter den Begründungen Ihres Kollegen verbergen?

  (Hier helfen Ihnen Ihre Erkenntnisse aus den Abschnitten »Offenheit« und »Wertschätzung«)
- Geben Sie Ihrem Gegenüber Feedback, welche Werte, Bedürfnisse und Interessen Sie aus dessen Antworten herausgehört haben. Und lassen Sie ihn gegebenenfalls Ihre Einschätzung korrigieren. Zum Beispiel:

  »Wenn ich es richtig verstanden habe, dann möchtest du gerne X, weil dir a und b wichtig sind / du das Bedürfnis nach c und d hast / du ein starkes Interesse hast, e und f zu erreichen.«

- Nennen Sie Ihrem Konfliktpartner die Hintergründe Ihrer Position. Je klarer Sie sich grundsätzlich Ihrer Werte sind (siehe unter »Worum spielen Sie?« im Abschnitt »Wahrnehmung«), desto leichter wird es Ihnen fallen, Ihre Beweggründe transparent zu machen.
- Fragen Sie Ihr Gegenüber, ob er Verständnisfragen hat, und beantworten Sie diese.

Hier ist es wichtig, dass Sie eine offene Haltung haben und wirklich daran interessiert sind, die Beweggründe Ihres Gegenübers zu verstehen. Sollte Ihr Kollege Ihnen nicht zuhören wollen oder Ihre Stellungnahme kritisieren, dann bitten Sie ihn höflich, aber bestimmt, Ihnen mit derselben Offenheit zu begegnen, mit der Sie ihm zugehört haben. Lassen Sie sich für diesen Teil Zeit. Sehen Sie es als eine gemeinsame, spannende Schatzsuche, denn jeder neue Aspekt, den Sie entdecken, ist wertvoll für die Entwicklung von Lösungsoptionen.

3. Schritt: Rahmenbedingungen klären
- Analysieren Sie zusammen mit Ihrem Konfliktpartner, welche Bedingungen eine Lösung mindestens erfüllen müsste, damit die wichtigsten Werte, Bedürfnisse und Interessen beider Seiten berücksichtigt sind.

Beispiel für Rahmenbedingungen:
- Finanzieller Rahmen
- Zeitliche Bedingungen
- Beteiligung oder Nichtbeteiligung bestimmter Personen
- Einsatz oder Vermeidung bestimmter Methoden / Werkzeuge / Verfahren
- Berücksichtigung bestimmter Werte
- …

Hier ist entscheidend, dass Sie noch nicht über Lösungen nachdenken, sondern ganz frei sind bei der Definition der Rahmenbedingungen.

4. Schritt: Optionen entwickeln

- Machen Sie zusammen mit Ihrem Konfliktpartner ein Brainstorming, auf welche unterschiedlichen Arten die Rahmenbedingungen erfüllt werden könnten.

Lassen Sie sich Zeit für das Brainstorming – manchmal dauert es etwas, bis man in Schwung kommt. Es kann auch sinnvoll sein, einige Tage später eine weitere (kurze) Einheit zu machen, damit in der Zwischenzeit zusätzliche Ideen reifen können. Dieser Schritt hat eine große Wirkung auf die Beziehung zu Ihrem Konfliktpartner, da Sie sich zum einen beide bewusst machen, dass es positive Wege aus der aktuellen Situation gibt, und zum anderen durch das gemeinsame Entwickeln von Lösungsideen Ihre Verbundenheit stärken.

5. Schritt: Option auswählen

- Gehen Sie gemeinsam die von Ihnen zusammen erstellte Liste mit Lösungsoptionen durch und entscheiden Sie sich für die Lösung, die für Sie beide am stimmigsten ist. Vielleicht finden Sie auch eine Mischung aus zwei oder mehr Optionen am sinnvollsten oder eine Variante einer Lösungsalternative.

Entscheidend ist bei diesem Schritt, dass Sie wirklich beide von der Lösung überzeugt sind und sich keiner benachteiligt fühlt. Um der Entscheidung eine Verbindlichkeit zu geben, empfiehlt es sich, sie entweder schriftlich festzuhalten oder sie zumindest mit einem Handschlag zu besiegeln.

Wenn Sie die akuten Streitfälle durch eine aktive Konflikt-lösung vom Tisch bekommen haben, empfehle ich, im An-schluss gemeinsame Spielregeln mit den Kollegen zu entwi-ckeln, die neue Konflikte eher unwahrscheinlich machen. Folgen Sie mir bitte, und ich zeige Ihnen, wie Sie das schaf-fen:

WOW! in der Zusammenarbeit

»Mama, Papa, muss ich wirklich weiterspielen, oder darf ich jetzt endlich Hausaufgaben machen?« oder »Ich brauche Urlaub, ich habe in den letzten Tagen so viel gespielt!« – Haben Sie ein Kind schon mal so etwas sagen hören? Ich glaube, so denkt kein Mädchen oder Junge … außer vielleicht eine jüngere Version des Überfliegers Sheldon Cooper aus der Serie »Big Bang Theory«. Das ändert sich auch bei uns Erwachsenen nicht: Wir lieben es zu spielen. Ob Fußball, Karten, Playstation, Handyspiele, Brettspiele und so weiter. Nur bei der Arbeit vergessen wir oft unseren Spaß am Spiel. Wie schon zuvor erwähnt, ist gerade der spielerische Umgang mit den Kollegen der Schlüssel zu einer entspannten und gleichzeitig erfolgreichen Zusammenarbeit.

Bei jedem Gesellschaftsspiel ist uns klar, dass es eine Voraussetzung braucht: gemeinsame Regeln. So ist es für uns selbstverständlich, vor der ersten Runde »Mau-Mau« mit Menschen, mit denen wir noch nie zuvor gespielt haben, die Regeln abzugleichen. Dass man bei einer gelegten Sieben zwei Karten ziehen muss, ist bei den meisten Regelvarianten gleich und auch, dass die Acht »Aussetzen« bedeutet und der Bube erlaubt, sich eine Kartenfarbe zu wünschen. Aber darf auf eine Acht eine weitere gelegt werden? Darf Bube auf Bube folgen? Gibt es noch andere Karten mit einer besonderen Bedeutung? Bei manchen Spielvarianten bedeutet auch ein Ass einmal auszusetzen, Neunen leiten einen Richtungswechsel ein, Zehnen sorgen für einen Farbwechsel et cetera. Selbst wenn wir die Regeln vorher nicht klären, fällt es uns spätestens im Spiel auf, wenn die Mitspieler von unterschiedlichen Regularien ausgegangen sind, und man stimmt sich ab.

Wir setzen zu viel voraus

In der Zusammenarbeit stimmen wir uns dagegen selten über die gemeinsamen Spielregeln ab. Genau das ist dann der Nährboden für Konflikte. Wir setzen zu viel bei den Kollegen voraus. Das meine ich jetzt in keiner Weise abfällig! Wir gehen einfach zu oft davon aus, dass die Kollegen genauso denken wie wir und deshalb viele Dinge klar sind, die in Wahrheit eben nicht eindeutig sind. Um Konflikten vorzubeugen, ist es deshalb der einfachste Weg, sich möglichst früh über die Art des Zusammenspiels zu verständigen.

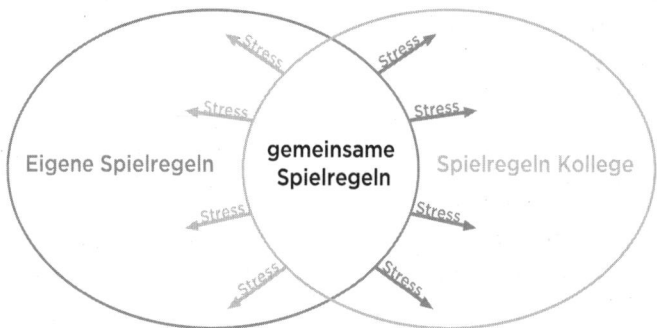

Dabei geht es darum, die Schnittmenge zwischen den eigenen Spielregeln und denen des Kollegen zu finden. Solange Sie sich dann in der Zusammenarbeit in diesem Bereich bewegen, werden Sie gut miteinander auskommen. Sobald aber einer versucht, den anderen von seinen eigenen Regeln zu überzeugen, obwohl diese partout nicht zu dessen Weltbild passen, oder einer die gemeinsamen Regeln missachtet, bedeutet das Stress, der schnell zu Konflikten führen kann.

Je öfter Sie zusammenspielen, desto entspannter wird die Zusammenarbeit, da Sie sich durch die offenen Begegnungen besser kennenlernen, die gemeinsamen Regeln immer mehr in Fleisch und Blut übergehen und Sie sich immer mehr vertrauen.

Lassen Sie mich Ihnen ein Beispiel für gemeinsame Regeln geben anhand zweier Charaktere, die Sie im ersten Teil bei der Firma »Sonnenschein & Söhne« kennengelernt haben:

Wenn es nur nach Katja Kümmer ginge, würde man im Büro viel miteinander Kaffee trinken, quatschen und dafür sorgen, dass es dem anderen gut geht. Hätte der Hausmeister Herbert Meyer die alleinige Entscheidungsgewalt, würden alle sehr effizient arbeiten und weniger Zeit mit Kaffeetrinken verbringen. Die Schnittmenge der beiden ist das Bedürfnis nach einem höflichen Miteinander. Daraus könnte sich als eine gemeinsame Spielregel ergeben, dass die beiden hin und wieder miteinander Kaffee trinken und Herbert von sich aus vorbeikommt, wenn es gerade in seinen Zeitplan passt.

Wie kann so ein Abgleich der Regeln aussehen? Entscheidend ist zunächst, dass Sie dem anderen in der »WOW!-Haltung« begegnen:

Wahrnehmung:

Ihnen ist klar, was für Sie selbst für ein gutes Zusammenspiel wichtig ist.

Offenheit:

Sie sind wirklich daran interessiert zu erfahren, was für Ihren Kollegen ein gutes Miteinander ausmacht.

Wertschätzung:

Sie schätzen die Unterschiede Ihrer beiden Sichtweisen, da diese neue Möglichkeiten eröffnen.

Die eigentliche Einigung auf die Regeln kann je nach Kontext sehr schnell erfolgen. Ausschlaggebend ist aber, dass Sie bewusst den Impuls für eine Abstimmung setzen, entweder im Vorfeld oder dann, wenn in der Zusammenarbeit auffällt, dass in Ihrem mentalen Regelbuch und dem einer oder mehrerer Kollegen anscheinend unterschiedliche Richtlinien stehen, wie man es »richtig« macht. Hier ein paar Beispiele:

Meeting

Fragen Sie Dinge wie:
>»Was ist unser Ziel heute?«
>»Welche Themen haben die höchste Priorität?«
>»Wie müsste die Lösung/der nächste Schritt für Thema X aussehen, damit wir alle zufrieden sind?«
>…

Sie werden sich vielleicht über die ersten beiden Fragen gewundert haben, da diese sich ja mit einem Blick in die Agenda beantworten lassen. Das ist ein Trugschluss! Oft haben sich zwischen dem Schreiben der Agenda und dem Meeting neue Umstände ergeben. Zudem ist die Priorisierung, die der Verfasser der Agenda für richtig hält, nicht immer im Sinne aller Beteiligten. Wenn ich bei Projekten als externer Berater engagiert werde, sitze ich häufig in internen Meetings der Unternehmen. Auch wenn ich die Sitzungen nicht leite, stelle ich gerne zu Beginn die Frage in die Runde oder an den Leiter des Meetings: »Was ist unser Ziel heute bei diesem Meeting?« Irgendjemand antwortet dann. In den seltensten Fällen nicken daraufhin alle anderen einvernehmlich. Stattdessen melden sich meist verschiedene Teilnehmer zu Wort, die mit ganz anderen Erwartungen gekommen sind. Durch meine simple Frage sorge ich dafür, dass die Regeln abgeglichen werden. Entweder erkennt man, dass alle auf derselben Spur sind, oder es wird deutlich, dass noch Abstimmungsbedarf herrscht. Dies gleich am Anfang zu merken hat den Vorteil, dass man keine Zeit und Energie verliert, weil erst mitten im Meeting oder gar erst am Ende klar wird, dass man nicht an einem Strang gezogen hat.

Möglicherweise denken Sie jetzt: »Na klar, können Sie sich als externer Coach ja herausnehmen, solche Fragen in einem Meeting zu stellen, aber ich als einfacher Angestellter darf so was doch nicht!« Warum nicht? Ihre Nachfrage basiert auf echtem Interesse daran, das Meeting effizient zu gestalten. Wenn Sie die Frage mit der angemessenen Wertschätzung für den Leiter des Meetings und die anderen Beteiligten stellen, dann ist sie Gold wert.

Projektteam

Hier können folgende Fragen zu Beginn für Klarheit sorgen:
>> »Wer übernimmt welche Aufgaben? Was genau gehört dazu und was nicht?«
>> »Wo hat jeder seine wunden Punkte? Was sollten wir vermeiden, um uns nicht gegenseitig zu nerven?«
>> »Was ist jedem generell in der Zusammenarbeit wichtig? Wie können wir dafür sorgen, dass wir uns gegenseitig motivieren?«

...

Es fühlt sich vielleicht beim ersten Mal merkwürdig an, diese Fragen zu stellen und sich ernsthaft darüber auszutauschen. Unterschätzen Sie aber nicht die positive Wirkung, die diese Klärung auf Ihre Zusammenarbeit hat.

Kundengespräch

Auch hier helfen Fragen, um die Spielregeln zu klären:
> »Was ist Ihr Ziel bei diesem Gespräch?«
> »Wie müsste unser Gespräch verlaufen, damit Sie nachher mit einem guten Gefühl hier rausgehen/auflegen?«
> »Was ist Ihnen (heute) besonders wichtig?«
> …

Hier geht es nicht nur darum, die Erwartungen und unbewussten Regeln des Kunden besser zu verstehen, diese Fragen sind auch der Einstieg zu einem Austausch. Das heißt, Sie sollten dem Kunden nach dessen Antworten ebenfalls eine Erklärung Ihrer Ziele, Erwartungen und der für Sie wichtigen Aspekte geben, um dann eine für beide Seiten zufriedenstellende Schnittmenge zu finden. Dieser offene Abgleich sorgt für Augenhöhe.

Workshop

Klären Sie zu Beginn:
> »Was ist unsere Workshop-Kultur?«
> »Wie wollen wir hier miteinander umgehen?«
> »Woran messen wir den Erfolg dieses Workshops?«
> »Was genau ist heute unser Ziel?«
> …

Diese Fragen sorgen wieder dafür, dass Sie sich untereinander offen über Ihre unbewussten Regeln und Erwartungen austauschen, die für Sie selbst vielleicht selbstverständlich sind, jedoch nicht unbedingt genauso für alle anderen gelten.

Mitarbeitergespräch

Die Spielregeln eines Mitarbeiters erfahren Sie zum Beispiel durch folgende Fragen:
>> Was hat Ihnen an unserer Zusammenarbeit im letzten Jahr/Monat am meisten Spaß gemacht?«
>> Womit habe ich Sie in letzter Zeit (besonders) genervt?«
>> Was hat Sie in letzter Zeit besonders motiviert?«
>> Wenn ich Ihnen alle Freiheiten geben würde, was würden Sie anders machen?«
>> Wenn alles möglich wäre, wie sähe für Sie Ihr nächster Entwicklungsschritt hier im Unternehmen aus?«
…

Hören Sie bei den Antworten Ihres Mitarbeiters mit echtem Interesse zu und stellen Sie Nachfragen. Geben Sie ihm Feedback. Wie haben Sie ihn erlebt? Was hat Sie an ihm genervt, womit hat er Ihnen eine Freude gemacht oder Sie sogar motiviert, wie könnten Sie sich eine Entwicklung vorstellen et cetera. Ziel ist es, dass ein Gespräch auf Augenhöhe entsteht und kein reines Abfragen. Aus diesem Austausch können sich dann neue Spielregeln ergeben, wie Sie in Zukunft zusammenarbeiten möchten, oder sich die bisherigen Regeln als sinnvoll bestätigen.

Ich erlebe es häufig, dass Führungskräfte und Mitarbeiter einfach stumpf die Fragebögen durchgehen, die ihnen von der Personalabteilung für Mitarbeitergespräche zur Verfügung gestellt werden. So kann kein echter Austausch stattfinden. Ich verstehe, dass diese Listen beiden Seiten eine gewisse Sicherheit geben, sie schränken aber gleichzeitig auch ein.

Eine große Bitte: Wenn Sie Fragebögen verwenden, lassen Sie sich diese nicht im Vorfeld von Ihrem Mitarbeiter ausfüllen und sich zuschicken. Viele meiner Seminarteilnehmer glauben, das zur Vorbereitung zu benötigen. Worauf müssen Sie als Chef sich vorbereiten? Auf unmögliche Forderungen des Mitarbeiters? Auf schwierige Fragen? Wenn Sie mit einer solchen Haltung in ein Mitarbeitergespräch gehen, dann befinden Sie sich nicht auf Augenhöhe, sondern machen sich entweder kleiner oder größer als der Mitarbeiter. Meine Empfehlung: Überlegen Sie im Vorfeld, wie Sie die Leistungen und die Entwicklungsmöglichkeiten Ihres Mitarbeiters einschätzen und was Ihre Erwartungen an ihn sind. Und dann gehen Sie neugierig in das Gespräch, hören sich seine Sicht der Dinge an und entwickeln dann *mit ihm gemeinsam* einen »Schlachtplan«.

Wir gleichen zu selten unsere Regeln ab

Aus meiner Erfahrung checken wir zu selten ganz bewusst, ob wir mit den Regeln unseres Bürogenossen eine Schnittmenge haben und wie wir diese erreichen oder vergrößern können. Chefs und Angestellte warten sehnsuchtsvoll auf das jährliche Mitarbeitergespräch, um endlich über »Regelverstöße«, Unklarheiten und enttäuschte Erwartungen zu sprechen. Kollegen raunzen und giften sich regelmäßig in Meetings an oder verdrehen die Augen als Reaktion auf das Verhalten des anderen – geklärt wird aber nichts. Warten Sie nicht auf von oben gesetzte Termine oder auf den großen Knall, sondern stimmen Sie sich »im laufenden Betrieb« mit den Kollegen darüber ab, ob Sie noch zusammen spielen oder schon gegeneinander. Das kann durch einfache Nachfragen erfolgen:

> »Ich habe das Gefühl, du bist da anderer Meinung als ich. Erzähl mal bitte!«

> »Ich glaube, ich habe dich eben mit meiner Aussage geärgert. Was habe ich denn da für einen wunden Punkt bei dir erwischt?«

> »Ich finde, dass wir gerade super zusammenarbeiten. Siehst du das auch so?«

> …

Hier können Sie auch gut Ihr Wissen aus dem Teil »Offenheit« nutzen und das Tool »Die 5 Ich«, um Ihrem Kollegen Feedback zu geben.

Wenn Sie mögen, dann reservieren Sie für jeden Kollegen ein paar Seiten in Ihrem Regelbuch, das Sie zuvor für Ihre eigenen Regeln angelegt haben. Notieren Sie dort, welche Vereinbarungen zur Zusammenarbeit Sie mit ihm getroffen haben und welche seiner Werte Ihnen durch das tägliche Miteinander bewusst geworden sind. Dieses Niederschreiben hilft Ihnen, Ihre Gedanken zu sortieren, und macht es leichter, die gemeinsamen Regeln in der Zusammenarbeit zu beachten.

Wie Sie in der täglichen Kommunikation mit den Kollegen zu einer größeren Leichtigkeit kommen, lesen Sie ab der nächsten Seite.

WOW! in der Kommunikation

Wenn Sie von einem Kollegen falsch verstanden werden, dann ärgert Sie das, oder? Seitdem ich mich mit dem Thema Kommunikation intensiv befasse, hat sich meine Haltung in diesem Aspekt geändert. Ich finde es eher bemerkenswert, dass wir uns überhaupt so oft verstehen. Vielleicht denken Sie jetzt: »Das ist aber eine steile These, Herr Fischedick!« Ich zeige Ihnen, wie ich zu dieser Einsicht gekommen bin.

Auf der Skizze sehen Sie vereinfacht, was in uns und unserem Gesprächspartner vorgeht, wenn wir miteinander kommunizieren. Es fängt alles damit an, dass wir ein Gefühl wahrnehmen oder einen bewussten Gedanken haben und den Wunsch verspüren, unser Gegenüber daran teilhaben zu lassen. Nachdem Gedankenübertragung ausscheidet, bleibt nur eine Möglichkeit des Transfers: Wir müssen die Informationen in ein anderes Medium übertragen, das heißt in Sprache, Mimik und Gestik. Für diese Umcodierung greifen wir auf der verbalen Ebene auf eine unserer Erfahrung nach stimmige Wortwahl zurück, die begleitende Mimik und Gestik wird zum Großteil unbewusst gesteuert – auch hier haben unsere Vorerfahrungen einen Einfluss. Unser Kollege hört, was wir sagen, und nimmt auch unsere Mimik und Gestik wahr. Um zu verstehen, was wir damit meinen, muss nun auf seiner Seite eine Decodierung stattfinden. Wieder bestimmen Vorerfahrung, Erziehung, Werte et cetera wie der Schlüssel dafür aussieht. Da dieser nicht unbedingt identisch ist mit dem Schlüssel, den wir zum Codieren verwendet haben, kommt manchmal bei unserem Gegenüber etwas anderes an als das, was wir tatsächlich gemeint haben.

Wenn Sie bedenken, wie gering aufgrund unserer verschiedenen Lebenserfahrungen die Wahrscheinlichkeit ist, dass wir und unser Gegenüber identische Code- und Decoderschlüssel haben, dann können Sie vielleicht nachvollziehen, warum ich es als Wunder ansehe, wie oft wir uns dann doch (halbwegs) verstehen.

Alles Roger? Feedback macht die Kommunikation sicherer

Wissen Sie, wie die Kommunikation zwischen Piloten und dem Tower aussieht? Beide Seiten wiederholen jeweils das, was der andere gesagt hat, bevor Sie antworten. Das liegt nicht etwa daran, dass alle unter demselben Tick leiden, sondern dient der Sicherheit. Dadurch, dass es manchmal Funkstörungen gibt, kann man nie sicher sein, ob die Nachricht verständlich angekommen ist – durch die Wiederholung schafft man eine Rückversicherung. Das gleiche Vorgehen ist auch in entscheidenden Situationen im Arbeitsalltag sinnvoll, denn auch hier gibt es manchmal »Funkstörungen«, die zu einem gestörten Empfang führen (siehe oben). Deshalb: Geben Sie Feedback!

Wenn Sie jemand um etwas bittet, Ihnen einen Auftrag gibt oder etwas delegiert, geben Sie zu verstehen, was bei Ihnen angekommen ist. Dadurch können Sie zum einen checken, ob Sie alles richtig verstanden haben, und zum anderen geben Sie dem Kollegen die Sicherheit, dass seine Botschaft ihr Ziel erreicht hat. Gleichzeitig drücken Sie damit Wertschätzung aus, denn Sie könnten die Bitte des Kollegen auch mit einem »Ja, ja!« quittieren und sich denken: »Keine Ahnung, was der will! Ist mir auch egal!«

Vielleicht halten Sie es für normal, so zu reagieren – also mit Feedback, nicht mit »Ja, ja!«. Ich erlebe es leider immer wieder, dass ein gutes Miteinander schon an dieser Kleinigkeit scheitert. Letztens war ich in einem Fischgeschäft, in dem man mittags auch Kleinigkeiten essen kann. Ich bestellte ein Gericht mit Kabeljau, der Mitarbeiter hinter der Theke rief in die Küche: »Einmal Kabeljau, bitte!« Pause. Keine Reaktion. Er rief noch mal. Dann die genervte Antwort: »Ja doch! Einmal Kabeljau! Das habe ich schon beim ersten Mal verstanden!« Das Gesicht des Mannes hinter dem Tresen wechselte in ein Krebsrot, und er lächelte mich gequält an. Was ist hier schiefgelaufen? Es fehlte zu Beginn die Klarheit darüber, was in der Küche angekommen war. Das nicht erfolgte Antworten war nicht eindeutig, denn es hätte heißen können »Ja, ich habe dich verstanden!« oder »Ich habe nichts gehört!«. Geben Sie lieber einmal zu viel Feedback als zu wenig.

Feedback geben bezieht sich nicht nur auf das, was Sie von einem Kollegen empfangen haben, sondern auch auf das, was in Ihnen vorgeht. Wenn Sie zum Beispiel in Eile sind und ein Kollege mit Ihnen noch einige für ihn wichtige Themen besprechen will, dann gehen Sie nicht davon aus, dass er weiß, wie gestresst Sie gerade sind. Es gibt Menschen, für die ist ein Blick auf die Uhr im Fünf-Sekunden-Takt kein eindeutiger Hinweis, dass Sie jetzt wirklich losmüssen. Deshalb warten Sie nicht darauf, dass Ihr Gegenüber Ihr Verhalten richtig entschlüsselt, sondern schaffen Sie von sich aus Klarheit, indem Sie das, was Sie gerade beschäftigt, deutlich formulieren:

»Ich habe noch eine Minute für dich, dann muss ich los!«

oder

»Ich verstehe, dass das Thema für dich wichtig ist. Ich habe jetzt leider einen Termin und bin deshalb gestresst und kann dir nicht wirklich zuhören. Bitte schreib mir eine kurze Erinnerungsmail, und ich melde mich mit einem Terminvorschlag, an dem wir die Sache in Ruhe besprechen können.«

Mit dem zweiten Beispielsatz erfüllen Sie alle Kriterien des »WOW!-Prinzips«:

Sie beschreiben das, was Sie eben in Ihrem eigenen Kopf wahrgenommen haben, Sie zeigen grundsätzlich Offenheit für das Thema des Kollegen und Sie beweisen Wertschätzung für ihn, indem Sie ihm versprechen, sich Zeit für sein Anliegen zu nehmen.

Darf man dem anderen denn tatsächlich sagen, dass man ihm gerade nicht zuhören kann? Na klar! Wenn Sie dabei von der inneren Haltung her auf Augenhöhe sind, dann zeigen Sie damit Vertrauen und Wertschätzung. Was wäre die Alternative? Sie können sich wirklich nicht auf das konzentrieren, was Ihr Kollege sagt, versuchen aber, bei ihm den Eindruck zu erwecken, als würden Sie höchst interessiert zuhören. Bei der ersten Nachfrage oder späteren Gesprächen zu demselben Thema fällt das auf. Der Vertrauensverlust, den Sie damit einheimsen, schadet dem Verhältnis zu Ihrem Kollegen mehr, als es eine vertrauensvolle Offenheit je könnte.

Kommunizieren Sie möglichst auf allen Kanälen

Was könnte ich mit dieser Zwischenüberschrift meinen? Dass Sie Ihren Kollegen immer alles parallel per Mail, WhatsApp, SMS, Fax, Brief und singendem Telegramm schicken sollen? Knapp daneben. Mit Kommunikationskanälen meine ich in diesem Fall die folgenden drei Ebenen:

- Verbale Kommunikation
- Paraverbale Kommunikation
- Nonverbale Kommunikation

Die verbale Ebene ist die inhaltliche Ebene, also das, was wir rein mit den Worten transportieren, die wir benutzen. Der paraverbale Teil ist das Stimmbegleitende, also unser Tonfall, die Lautstärke, die Sprechgeschwindigkeit et cetera. Zur nonverbalen Kommunikation gehören Mimik und Gestik. Auf allen drei Kanälen senden wir, wenn wir mit unserem Gegenüber sprechen. Erst alle drei Ebenen zusammen ermöglichen es unseren Kollegen, unsere Botschaft als Ganzes zu verstehen. Wenn Sie zum Beispiel sagen: »Okay, dann kümmere ich mich darum!«, dann macht es einen Unterschied, ob Sie dabei freudig lächeln oder genervt durch die Nase schnauben. Das, was wir außerhalb der verbalen Ebene kommunizieren, ist uns oft gar nicht bewusst, sorgt aber für eine größere Klarheit bei den Kollegen. Im heutigen Berufsalltag sprechen wir jedoch immer seltener von Angesicht zu Angesicht miteinander, wir schreiben uns lieber Mails oder WhatsApp-Nachrichten, im besten Fall telefonieren wir. Durch diese Medien reduzieren wir unsere Botschaften um mindestens einen Kommunikationskanal: die nonverbale Ebene. Beim Telefonieren wird das, was wir paraverbal senden, wenigstens noch mit übertragen, bei Mails und Textnachrichten fehlt diese Ebene aber zusätzlich. Das führt zu Fehldeutungen, die der Beziehung zu den Kollegen schaden können.

Deshalb suchen Sie gerade mit den Kollegen, zu denen Sie keinen guten Draht haben, möglichst oft das persönliche Gespräch. Dadurch reduzieren Sie Missverständnisse und gleichzeitig zeigen Sie Wertschätzung, wenn Sie sich extra Zeit dafür nehmen.

Grundsätzlich werden Sie gemeinsam mit Ihren Kollegen mehr erreichen, wenn Sie offen, klar und wertschätzend kommunizieren.

Im nächsten Abschnitt möchte ich mit Ihnen einen Blick darauf werfen, wie Sie sogar aus Fehlern »WOW!-Momente« machen können.

WOW! bei Fehlern

Letztens war eine Klientin bei mir, die für einen großen Automobilkonzern arbeitet. Während des Coachings regte sie sich darüber auf, dass der Vorstand auf einer Konferenz angekündigt hatte, dass ein wichtiges Projekt planmäßig fertig würde. Das klingt auf den ersten Blick doch positiv, oder? Es gab nur einen kleinen Haken bei der Sache: Dem Vorstand war zu diesem Zeitpunkt schon bekannt, dass das Projekt auf keinen Fall rechtzeitig fertig würde, da bei der Planung Fehler passiert waren. Trotzdem stellten sich die Herren vor die versammelte Mannschaft und prahlten damit, alles im Griff zu haben.

Solch ein Verhalten hat so gar kein WOW! an sich. Für mich ergeben sich zwei Gefahren, wenn Sie Fehler vertuschen – gerade in Führungspositionen:

1. Das Vertrauen in Sie leidet.

Früher oder später kommt heraus, dass Sie die Unwahrheit gesagt oder zumindest die Realität etwas geschönt dargestellt haben. In Zukunft werden Ihnen Ihre Kollegen und Mitarbeiter nicht mehr alles glauben.

Das bedeutet auch, dass Ihr Team wahrscheinlich keinen vollen Einsatz mehr zeigen wird, da man ja nie wissen kann, ob die Richtung, die Sie vorgeben, wirklich so gut ist, wie Sie behaupten.

2. Sie prägen eine negative Fehlerkultur.

Gerade als Vorgesetzter sind Sie Vorbild. Wenn Sie vorleben, dass man Fehler nicht zugeben sollte, dann sorgen Sie dafür, dass sich zumindest ein Teil Ihrer Kollegen und Mitarbeiter genauso verhalten wird. Sie können also nie sicher sein, ob im Team wirklich alles gut läuft oder ob die positiven Rückmeldungen nur ein Blendwerk sind, um Missgeschicke zu kaschieren.

In dem Unternehmen, in dem die zuvor erwähnte Klientin arbeitet, hat sich durch das Verhalten der Führung die vertuschende Fehlerkultur etabliert. »Hauptsache, den Schein wahren!« ist die Devise. Die Klientin erzählte, dass es sogar unter Kollegen gang und gäbe sei, sich nicht die Wahrheit über Verzögerungen oder Probleme bei Projekten zu sagen. Daraus ergeben sich viele Konflikte, da man sich nicht mehr vertraut. In unserem Coaching ging es um eine konkrete Auseinandersetzung mit einem ihrer Kollegen, die auf von beiden vertuschten Fehlern basierte. Weil die Situation schon so verhärtet war, machte ich schließlich mit beiden eine Mediation. Das Ergebnis war, dass die zwei sich entschieden, von nun an vertrauensvoll und ehrlich miteinander umzugehen. Zu Beginn der Mediation wollten sie sich kaum die Hand geben, am Ende lagen Sie sich in den Armen und hatten Tränen in den Augen. Das war ein echter WOW!-Moment.

Auch wenn es am Anfang vielleicht Kraft und Mut kostet, gehen Sie offen mit Fehlern um. Das hat drei Vorteile:

1. Sie machen sich weniger verletzbar.

Im ersten Moment mag das paradox klingen, denn mit Fehlern gibt man doch eine Schwäche zu, oder? Das stimmt. Allerdings schwächt es Sie mehr, wenn man Ihnen beim Vertuschen eines Fehlers auf die Schliche kommt, als wenn Sie von Anfang an offen damit umgehen. Zudem ist es ein Zeichen von Stärke, auch zu seinen nicht so rühmenswerten Seiten zu stehen.

2. Sie stärken das Vertrauen in Sie.

Wenn wir authentisch sind und unser Gegenüber weiß, woran er bei uns ist, dann steigt sein Vertrauen zu uns. Das bedeutet, wenn Sie auch bei Fehlern ehrlich sind, dann werden die Kollegen Ihnen ebenfalls offener begegnen. Sie wissen ja: Vertrauen ist ein Vorschussgeschäft.

3. Sie prägen eine neue Fehlerkultur.

»Wenn alle im Unternehmen ihre Fehler verheimlichen, dann wäre ich doch schön blöd, mit meinen offen umzugehen!« – das ist oft die vorherrschende Haltung. Dabei übersehen wir, dass wir es in der Hand haben, die Situation zu verändern – egal in welcher Position wir sind. Wenn Sie selbstbewusst mit Fehlern umgehen, dann ist die Wahrscheinlichkeit hoch, Nachahmer zu finden, die sich auch nach einer anderen Fehlerkultur sehnen.

Damit Sie offener mit Fehlern umgehen können, ist es hilfreich, Ihre eigene Einstellung zu hinterfragen. Wie sehen Sie Fehler? Positiv oder negativ? Die meisten Menschen sehen sie negativ und machen sich selbst damit das Leben schwer. Der Theologe Dietrich Bonhoeffer bringt es für mich gut auf den Punkt: »Der größte Fehler, den man im Leben machen kann, ist, immer Angst zu haben, einen Fehler zu machen.«

Vielleicht hilft Ihnen der folgende Gedanke, entspannter mit Missgeschicken umzugehen: Wenn Sie keine Fehler machen, dann bedeutet das, dass Sie sich nur in Ihrer Gewohnheitszone bewegen, also in Bereichen, in denen Sie sich gut auskennen und Erfahrung haben. Jeder Fehler hingegen ist das Zeichen, dass Sie sich gerade in der Wachstumszone bewegen und dazulernen. Sie sind auf neuen, für Sie unbekannten Gebieten unterwegs, in denen vieles noch in den »Nebel des Unwissens« gehüllt ist.

Gewohnheitszone

Wachstumszone

Unter diesem Aspekt sind Fehler also etwas Gutes. Wir müssen unsere eigenen Erfahrungen sammeln, um Zusammenhänge wirklich zu verstehen und dazuzulernen – dazu gehört es auch, Fehler zu machen. Jeder von uns hat als Kind einmal auf die heiße Herdplatte gefasst und sich verbrannt, obwohl mindestens ein Erwachsener hysterisch »Niiiiiiicht!!!« geschrien hat. Nach dieser brenzligen Selbsterfahrung haben wir den Fehler dann nicht noch einmal begangen. Jeder Fehler, aus dem Sie lernen, macht Sie erfahrener und souveräner – solange es nicht immer derselbe ist.

Wenn Sie Personalverantwortung haben, dann kann Ihnen das »WOW!-Prinzip« auch in der Führung helfen – nicht nur beim Umgang mit Fehlern. Um zu erfahren wie, müssen Sie nur fehlerfrei weiterlesen.

WOW! in der Führung

In der heutigen Zeit stehen Führungskräfte vor neuen Herausforderungen. Die moderne, liberale Lebensanschauung und die sich ständig ändernden Rahmenbedingungen lassen den althergebrachten, autoritären Führungsstil immer mehr in den Hintergrund treten. Vorbei sind die Zeiten, in denen der Chef alles (besser) wissen konnte und die Mitarbeiter artig jeglicher Anweisung Ihrer Führungskraft gefolgt sind, nur weil auf deren Visitenkarte »Chef« stand. Zeitgemäße Führung hat wenig damit zu tun, den Mitarbeiter an die Hand zu nehmen oder ihn an der Leine hinter sich her zu zerren. Heute geht es darum, dass Sie Ihre Mitarbeiter befähigen, selbst ihr Potenzial zu entwickeln und möglichst eigenverantwortlich in das Unternehmen einzubringen. Dadurch ist Ihr Team zum einen motivierter, und zum anderen kann es sehr flexibel und selbstständig auf Veränderungen reagieren.

Auch zur Ausbildung eines solchen Führungsstils ist die Haltung nützlich, die hinter dem »WOW!-Prinzip« steckt:

Wahrnehmung:

Nur wenn Sie sich Ihrer eigenen Wertemaßstäbe, Ziele und Visionen bewusst sind, können Sie klar führen.

Offenheit:

Je offener Sie Ihren Mitarbeitern begegnen und je mehr Sie sich für deren Werte, Bedürfnisse und Fähigkeiten interessieren, desto wirkungsvoller können Sie führen.

Wertschätzung:

Wenn Sie die Unterschiedlichkeit Ihrer Teammitglieder zu schätzen wissen, dann können Sie die Potenziale Ihrer Mitarbeiter am besten nutzen.

Ich möchte Ihnen anhand von drei Impulsen deutlich machen, wie dies konkret in der Umsetzung aussehen könnte.

Ihre Vision

Wo sehen Sie sich, Ihr Team und das ganze Unternehmen in den nächsten fünf Jahren? Oft höre ich als Antwort auf diese Frage so etwas wie: »Im Bereich X wollen wir Y Prozent mehr Umsatz machen und im Gebiet Z mehr Kunden gewinnen!«

Wenn so die Visionen aussehen, die Sie Ihrem Team kommunizieren, dann lassen Sie eine ganz große Kraft ungenutzt: die Vorstellungskraft. Warum schauen wir so gerne Filme oder lesen Bücher? Weil wir von Geschichten gepackt werden! Auch Werbung funktioniert auf diese Weise. Durch die Bilderwelten, in die uns die Werbemacher ziehen, werden wir emotionalisiert. Und nun stellen Sie sich vor, Werbeanzeigen und Spots würden auf Bilder und Geschichten verzichten und nur auf einer gut lesbaren Schautafel die Vorzüge und Bestandteile der Produkte auflisten. Wie sähe es jetzt mit

Ihrem Interesse aus? Wahrscheinlich wäre es wesentlich geringer.

Den gleichen, negativen Effekt erzielen Sie, wenn Sie Ihrem Team Kennzahlen als Zielvision nennen. Die nackten Zahlen triggern, wenn überhaupt, nur schwache Emotionen. Ein plastisches, attraktives Bild der angestrebten Zukunftsvision hingegen aktiviert Sie und Ihr Team. Auch wenn es Ihnen nicht unbedingt bewusst ist: Was Sie selbst antreibt, sind auch keine Zahlen, sondern das gute Gefühl und die Konsequenzen, die mit diesen Zahlen verbunden sind. Vielleicht ist es das Bild, wie Sie und Ihr Team zu einem Sektempfang beim Vorstand eingeladen werden, wenn Sie die Kennzahlen erreicht haben. Oder die Vorstellung, dass es in jedem Haushalt mindestens eines der Produkte gibt, die Ihr Unternehmen herstellt. Vielleicht sehen Sie sich auch morgens ins Büro kommen und alle Kollegen sind super drauf, weil ihre Arbeitsplätze durch die erreichten Zahlen sicher sind.

 **Selbstreflexion »Was ist meine Vision?«**
Was sehen, hören, fühlen und vielleicht sogar schmecken und riechen Sie, wenn Sie an die »perfekte Zukunft« Ihres Teams denken?

Suchen Sie sich einen ruhigen Ort, schließen Sie für ein paar Minuten die Augen und lassen Sie das Bild immer deutlicher und konkreter werden. Je plastischer Sie Ihre Vision vor Augen haben, je stärker Sie emotional damit verbunden sind, desto mehr können Sie auch Ihr Team davon begeistern.

Beschreiben Sie beim nächsten Jahresgespräch oder im nächsten Meeting zuerst möglichst anschaulich Ihre Vision und nennen Sie dann erst die Kennzahlen, die nötig sind, um sie Wirklichkeit werden zu lassen. Sie werden einen positiven Unterschied in den Reaktionen und dem Engagement Ihrer Mitarbeiter feststellen. Denn auf einmal verstehen sie das »Warum« besser und bekommen ein emotionaleres Verhältnis zum Ziel. Steigern können Sie die Wirkung zusätzlich, indem Sie die Mitarbeiter die Vision mitgestalten lassen. Was gehört für Ihr Team zu der Vision ergänzend dazu, um sie noch besser zu machen? Welche weiteren Ideen haben Ihre Mitarbeiter, wie sie die Vision gemeinsam erreichen könnten?

Ich werde immer wieder von Seminarteilnehmern gefragt, ob denn jeder Chef eine Vision habe. In ihrem Unternehmen würden intern immer nur Kennzahlen als Ziele kommuniziert werden. Meine Antwort: Jeder Chef hat eine Vision, Sie ist ihm vielleicht nur nicht bewusst oder er kann sie nicht in Worte fassen. Fragen Sie Ihren Vorgesetzten doch bei nächster Gelegenheit, was er unabhängig von den Kennzahlen für ein Bild im Kopf hat, wie die Situation in der Abteilung oder dem ganzen Unternehmen in einem, zwei, fünf oder zehn Jahren idealerweise aussehen sollte. Wenn er nicht direkt eine Antwort hat, dann geben Sie ihm die nötige Zeit, um sich darüber klar zu werden – aber bleiben Sie dran. Sie tun ihm mit Ihrer Frage einen Gefallen, da Sie ihm helfen, sich selbst vor Augen zu führen, was er eigentlich will.

Ihre Maßstäbe

Haben Sie auch Mitarbeiter, die häufig zu Ihnen kommen und wissen wollen, ob sie einen guten Job machen und ob sie alles zu Ihrer Zufriedenheit umgesetzt haben? Das kann auf Dauer ganz schön anstrengend sein. Der Grund für diese ständige Rückversicherung ist oft fehlende Klarheit: Zum einen über den konkreten Arbeitsauftrag und zum anderen über die Kriterien, nach denen Sie als Chef die Umsetzung bewerten. Das zu ändern ist recht leicht:

Im hektischen Arbeitsalltag nehmen wir uns oft nicht genug Zeit, um eine Aufgabe gut zu erklären. Und selbst wenn, können wir nicht sicher sein, dass unsere Botschaft richtig ankommt. Ein typischer Versuch, um sich zu versichern, ist die Frage: »Und, alles verstanden?« Warum ist das in meinen Augen nur ein Versuch? Weil ein »Ja!« als Antwort keine echte Klarheit bringt. Ein »Ja« kann drei Dinge bedeuten:

1. Der Mitarbeiter hat die Aufgabe tatsächlich richtig verstanden.

2. Der Mitarbeiter glaubt nur, die Aufgabe richtig verstanden zu haben.

3. Der Mitarbeiter weiß, dass er die Aufgabe nicht verstanden hat, traut sich aber nicht, das zuzugeben.

Die Alternative: Bitten Sie den Mitarbeiter zusammenzufassen, was bei ihm angekommen ist. Bei der Formulierung der Frage ist die Augenhöhe entscheidend.

Ein »Mal sehen, ob Sie alles verstanden haben. Fassen Sie mal zusammen, Müller!« wäre eine eher unpassende Form. Fragen Sie besser in der Art:

»Könnten Sie bitte zusammenfassen, wie die Aufgabenstellung bei Ihnen angekommen ist? Ich möchte sichergehen, dass ich es gut genug erklärt habe.«

Mehr Klarheit über die Maßstäbe

Preisfrage: Was definiert die Kriterien, nach denen wir die Arbeit eines Mitarbeiters bewerten?

a) Die Mondphasen
b) Unsere aktuelle Laune
c) Unsere Werte

Auch wenn a) und b) einen Einfluss haben können, ist c) der entscheidende Faktor. Oft ist uns gar nicht bewusst, dass auch bei der Beurteilung unseres Teams unsere persönlichen Werte das Maß der Dinge sind.

Kennen Ihre Mitarbeiter Ihre Werte? Wenn Sie mögen, dann fragen Sie doch mal, was die Ihnen anvertrauten Kollegen meinen, was für Sie wirklich wichtig ist, und woran sie das fest machen. Sie werden einerseits überrascht sein, wie gut Ihre Mitarbeiter Sie zum Teil kennen, andererseits werden Sie erstaunt sein, in was für einer »falschen Schublade« Sie bei dem einen oder anderen gelandet sind.

So oder so sollten Sie Ihren Mitarbeitern grundsätzlich Klarheit über Ihre Werte geben. Damit erleichtern Sie es Ihrem Team, selbst zu beurteilen, ob es einen guten Job macht oder nicht. Und in Zukunft haben auch Sie es leichter, wenn ein Mitarbeiter dennoch ständig um eine Bewertung seiner Arbeit bittet. Fragen Sie in einem solchen Fall: »Du weißt ja, was mir wichtig ist. Was glaubst du denn, wie ich deine Arbeit bewerte?« Dadurch dass sich der Mitarbeiter mit dieser kleinen Schützenhilfe selbst die Antwort geben kann, steigern Sie sein Selbstvertrauen. Und sollte einer Ihrer Schützlinge nur häufig nach Ihrem Feedback fragen, um Aufmerksamkeit von Ihnen zu bekommen, dann sorgt diese Frage dafür, dass er es bald nicht mehr so oft tut – Sie sind damit zu einem »Spielverderber« geworden.

Mitarbeiter-Motivation

Das Thema »Werte« ist auch ein wichtiges Element bei der Motivation Ihrer Mitarbeiter. Wenn die Aufgaben, die Sie an Ihre Teammitglieder delegieren, deren persönlichen Werten entsprechen, dann werden sie diese mit großer Freude und Motivation erfüllen. Vielen Führungskräften ist gar nicht bewusst, dass jeder Mensch andere Werte und damit andere Motivationen hat. Sie gehen davon aus, dass jeder denselben Grundsätzen folgt wie sie selbst.

Letztens beschwerte sich eine Führungskraft in einem Seminar, dass eine seiner Mitarbeiterinnen so unmotiviert und undankbar sei. Er habe ihr erlaubt, noch in diesem Halbjahr zu zwei Fortbildungen ihrer Wahl zu gehen, und sie habe bisher noch keine einzige wahrgenommen. Für ihn war das unverständlich! »Wenn mein Chef mir das gestatten würde, wäre ich total begeistert!«, war sein Resümee. Und genau da liegt der Denkfehler. Für ihn selbst ist es extrem wichtig, sich weiterzubilden. Er hat im reiferen Alter noch einmal studiert und liest in jeder freien Minute Fachbücher, daher glaubt er, dass jeder »normale« Mensch ebenfalls dieses Bedürfnis haben müsse. Erst durch unser Gespräch im Seminar wurde ihm klar, dass seine Mitarbeiterin andere Werte hat als er und die von ihm als Belohnung gedachten Seminare von ihr als Strafe wahrgenommen wurden. Gut gemeint ist also nicht immer gut getan.

Wie ist das bei Ihnen? Kennen Sie die Werte Ihrer Mitarbeiter und berücksichtigen Sie diese bei der Verteilung von Aufgaben? Wenn Ihnen die Werte noch nicht bewusst sind, dann helfen Ihnen die Tools aus dem Abschnitt »Worum spielen die Kollegen«, um sie herauszufinden.

Vielleicht regt sich in Ihnen gerade ein Widerstand: »Herr Fischedick, die Arbeit ist kein Wunschkonzert, ich kann Mitarbeitern nicht immer nur Aufgaben zuteilen, die ihren Werten entsprechen!« Das stimmt – zum Teil. Es wird nicht immer gelingen, jedem das zu geben, was ihn am meisten motiviert. Dennoch können Sie bei der Definition der Rahmenbedingungen die Werte des Umsetzenden berücksichtigen. Einem Mitarbeiter, für den »Freiheit« einer der höchsten Werte ist, könnten Sie bei seinen Aufgaben den größtmöglichen Spielraum einräumen, den Sie verantworten können und wollen. Wenn Sie dieselben Aufgaben an einen Mitarbeiter delegieren, dem »Struktur« und »Sicherheit« wichtig sind, dann unterstützen Sie ihn mit konkreteren Anweisungen oder bitten Sie ihn, sich eng an vorhandenen Strukturen und bereits erfolgten Umsetzungen zu orientieren.

»Ich bin aber keine Führungskraft!« – Dieser Einwand geht Ihnen vielleicht gerade durch den Kopf und Sie glauben, dass die hier aufgeführten Impulse für Sie nicht relevant sind. Ich bin mir sicher, dass Sie, selbst wenn Sie per Vertrag keine Führungsposition innehaben, Menschen führen. Sei es den Praktikanten, ein kleines Team aus Kollegen, mit dem Sie gemeinsam ein Projekt übernommen haben, oder Ähnliches. Übrigens lassen sich alle Inhalte aus diesem Buch auch auf den privaten Bereich übertragen. Wenn Sie eine Familie haben, dann sind Sie da in jedem Fall Führungskraft und auch hier macht es einen Unterschied, ob Sie Ihren Kindern einfach nur vorschreiben, was diese im Haushalt zu tun haben, oder ob Sie ihnen verdeutlichen, was Ihre Vision von einem »schönen Zuhause« ist. Genauso erleichtern Sie sich und Ihren Familienangehörigen das Leben, wenn Sie bei der Verteilung von Arbeiten in Haus und Garten oder in Schloss und Schlosspark, je nachdem wie Sie leben, die Werte der Beteiligten berücksichtigen.

Mit herausfordernden Menschen haben Sie es im beruflichen Kontext nicht nur innerhalb Ihres Unternehmens zu tun, sondern auch auf der externen Seite, zum Beispiel bei Kunden. Wie Sie auch hier das »WOW!-Prinzip« anwenden können, zeige ich Ihnen als Nächstes.

WOW! Im Vertrieb

Welche Aspekte des »WOW!-Prinzips« wenden Sie aktuell schon in Verkaufsgesprächen an?

Wahrnehmung:

Sie sind reflektiert und nehmen auch Ihre Reaktionen auf das Verhalten des Kunden wahr?

Offenheit:

Sie sind ehrlich zum Kunden und wirklich interessiert an dessen Wünschen und Bedürfnissen?

Wertschätzung:

Sie begegnen dem Kunden auf Augenhöhe und manipulieren ihn nicht?

Wenn Sie das alles schon beherzigen, dann brauchen Sie nicht weiterzulesen. Ansonsten habe ich ein paar Impulse für Sie, die Ihnen helfen können, noch leichter zu verkaufen.

Ich bin kein Vertriebler und dennoch war es mir ein Bedürfnis, hier auch dieses Thema zu behandeln. Zum einen, weil ich auf Kundenseite mit vielen Verkäufern zu tun habe, die mich zur Weißglut treiben, zum anderen, weil sich mir als Coach die Nackenhaare aufstellen, wenn ich höre und lese, welche Tipps manche Vertriebstrainer geben.

Bitte keine Manipulationstricks

Mindestens zweimal in der Woche klingelt bei mir das Telefon und ein Verkäufer irgendeines Dienstleistungsunternehmens ist dran. Das Gespräch beginnt in 99 Prozent der Fälle gleich:

Ich nehme den Hörer ab und melde mich:

»Mathias Fischedick.«

»Hallo, hier ist Herr X von der Firma Y. Spreche ich mit Herrn Fischedick?«

Schon an diesem Punkt weiß ich, es ist wieder jemand, der mir etwas verkaufen will. Warum? Wer fragt zwei Sekunden, nachdem ich mich mit meinem vollen Namen gemeldet habe, ob ich Herr Fischedick bin? Doch nur jemand, der in einem Vertriebstraining gelernt hat, dass man den Kunden so oft wie möglich dazu bringen soll »Ja!« zu sagen, damit er in eine »Ja-Haltung« kommt und eher einem Kauf zustimmt. Wahrscheinlich wurde in diesem Training auch vermittelt, dass der Kunde nichts lieber hört als seinen eigenen Namen. Also hat man mit dieser Nachfrage gleich zwei Methoden auf einmal angewendet. In diesen Telefonaten folgt dann ein manipulativer Trick nach dem anderen: es werden Suggestivfragen gestellt (»Sie wollen doch sicher auch, dass…«, »Als erfahrener Geschäftsmann werden Sie mir sicher zustimmen, dass…«, »Nur wer leichtsinnig ist, würde hier nicht zuschlagen, oder?«), Lügen aufgetischt (»Sie hatten sich ja für unser Produkt interessiert. Vielleicht wissen Sie es selbst gar nicht mehr. Ihre Anfrage ist schon eine Weile her!«), es wird Druck aufgebaut (»Das Angebot gilt nur noch heute!«) oder Wertschätzung vorgetäuscht (»Eigentlich ist das Angebot seit einer Woche nicht mehr gültig, aber für Sie würde ich eine Ausnahme machen!«).

Ich frage mich, bei wem diese Tricks überhaupt funktionieren. Vielleicht zeigen Sie kurzzeitig Wirkung und führen zum Kauf, aber nach einer Weile wird dem Kunden klar, dass er manipuliert wurde. Damit sinkt die Wahrscheinlichkeit, dass er noch einmal kauft. Deshalb meine Empfehlung: Verzichten Sie auf Manipulationen und bleiben Sie ehrlich, denn das schafft Vertrauen.

Ich reagiere übrigens mit ganz offenem Feedback, wenn ich einen solchen Verkäufer am Telefon habe, und bitte ihn, auf Verkaufstricks zu verzichten und mir einfach kurz und knapp zu sagen, was er mir anbieten möchte, sodass ich dann selbst entscheiden kann, ob ich Interesse habe oder nicht. Das führt zunächst immer zu einer Irritation. Einige machen dann dennoch mit Ihrem gelernten Leitfaden weiter, woraufhin ich das Gespräch sofort beende, die meisten kommen aber meiner Bitte nach und präsentieren auf den Punkt gebracht ihre Dienstleistung oder ihr Produkt. Es gibt sogar Vertriebler, die sich bei mir entschuldigen und sagen, dass Sie diese Art des Verkaufens selbst nicht gut finden, aber Vorschriften haben, an die sie sich halten müssen.

Bleiben Sie auf Augenhöhe

Eigentlich ist es paradox: Da geht jemand in ein Verkaufsgespräch und möchte den anderen von dem eigenen Produkt überzeugen und ihn am besten sogar als langfristigen Kunden gewinnen, und dennoch behandelt er sein Gegenüber von oben herab. Mein Eindruck ist, dass von vielen Vertriebstrainern die Haltung propagiert wird: »Vermittele dem Kunden das Gefühl, dass du sein bester Freund bist, und dann kannst du dem Vollpfosten alles verkaufen.« Einer der bekannteren Trainer fasst das in dem folgenden Satz zusammen: »Du musst den Kunden so schnell über den Tisch ziehen, dass er die Reibungswärme als Nestwärme empfindet!« Mit solchen Aussagen ködert man natürlich Verkäufer, denen Status und Macht wichtig sind. Hauptsache, Umsatz generieren, um sich dann irgendwann den Porsche und den Maßanzug samt Manschettenknöpfen leisten zu können. Wer da auf der anderen Seite sitzt und ob ich ihn als Stammkunden verliere, das ist egal. Ich glaube, dass gerade in der heutigen Zeit die echte Augenhöhe und die Begegnung auf menschlicher Ebene die bessere Verkaufsstrategie ist. Durch meinen Beruf habe ich Einblick in viele Unternehmen und stelle immer wieder fest, dass langfristig gerade jene erfolgreich sind, die ihren Kunden als echte Partner begegnen.

Einwände sind keine Krankheit

In vielen Trainings und Büchern zum Thema »Vertrieb« spielt die Behandlung von Einwänden eine wichtige Rolle. Da wird geraten, sich vorher zu überlegen, was der Kunde für Gründe nennen könnte, nicht zu kaufen, und sich darauf mit Gegenargumenten und entsprechenden Taktiken vorzubereiten. Das klingt für mich nach Kampf und nicht nach gemeinsamem Spiel. Es ist sinnvoll, Ihre Produkte und Ihre Möglichkeiten sehr gut zu kennen, aber planen Sie bitte keine 736 Szenarien voraus, wie Ihr Kunde im Gespräch reagieren könnte. Wenn Sie während des Verkaufsgesprächs die ganze Zeit im Kopf Taktiken abwägen, dann können Sie nicht mit Ihrer vollen Aufmerksamkeit bei Ihrem Geschäftspartner sein, und genau das merkt Ihr Gegenüber. Hier gelten die gleichen Grundsätze wie beim »Hirnschach«.

Einwände sind auch keine Krankheiten, die man »behandeln« muss! Einwände lassen Sie als Verkäufer besser verstehen, was dem Kunden wichtig ist. Wenn er zum Beispiel sagt: »Danke für Ihr Angebot, aber wir haben schon einen Lieferanten für dieses Produkt«, dann ist meine Empfehlung, nicht dagegen zu argumentieren, sondern zu fragen: »Verstehe! Warum genau halten Sie an dem Lieferanten fest?« Ihr Gegenüber wird mit der Antwort seine Werte verraten und Sie haben einen neuen Anhaltspunkt, was Sie bieten müssten, um sein Interesse zu wecken.

Oder fragen Sie: »Angenommen, es gäbe einen Aspekt, in dem Ihr aktueller Lieferant noch besser sein könnte, welcher wäre das?« Hier gibt Ihnen die Antwort Einblick in aktuell noch unbefriedigte Wünsche und Bedürfnisse des Kunden. Nun können Sie ein Angebot entwickeln, das genau diese Punkte erfüllt.

Dies waren ein paar Gedanken, die Ihnen als Vertriebsprofi vielleicht nützlich sind.

Auch wenn wir Menschen soziale Wesen sind, die im Grunde alle gut miteinander auskommen möchten – nicht nur im Verkauf –, so gibt es doch den einen oder anderen Zeitgenossen, der wirklich nicht mit Ihnen spielen will, sondern erst zufrieden ist, wenn er Sie »bezwungen« hat. Woran Sie diese Kandidaten erkennen und wie Sie mit ihnen umgehen, erfahren Sie im nächsten Abschnitt.

Wenn die Kollegen wirklich nicht mitspielen wollen

Die dunkle Seite der Macht

Müssen wir zu jedem Kollegen ein so gutes Verhältnis haben, dass wir uns nichts Schöneres vorstellen können, als mit ihm alleine auf einer einsamen Insel zu leben? Nicht unbedingt. Das würde ja auch zu Eifersüchteleien führen, weil die Kollegen sich darum streiten würden, wer denn nun mit Ihnen auf das Eiland umziehen darf. Grundsätzlich ist es aber realistisch, dass wir mit fast jedem Kollegen individuelle Spielregeln entwickeln können, die es möglich machen, konstruktiv zusammenzuarbeiten, auch wenn man nicht der größte Fan des jeweils anderen ist.

Richtig gefährlich sind die Ausnahmen unter den Bürogenossen, nämlich diejenigen, zu denen man auf den ersten Blick ein gutes Verhältnis zu haben glaubt, um dann festzustellen, dass sie ein falsches Spiel spielen. Sie manipulieren, lügen und betrügen. Vor ihnen sollten Sie sich in Acht nehmen. Das Paradoxe ist, dass diese giftigen Persönlichkeiten oft zu den besonders erfolgreichen Kollegen gehören.

Die kanadischen Psychologen Delroy L. Paulhus und Kevin M. Williams haben untersucht, welche Persönlichkeitsmerkmale bei Mitarbeitern und insbesondere bei Führungskräften Erfolgsfaktoren sind. Die erstaunliche Entdeckung: Wer narzisstische, machiavellistische und psychopathische Züge hat, ist besonders erfolgreich. Im Einzelnen bedeutet das:

Der Narzisst
Er ist der Meinung, dass die anderen dazu da sind, ihn zu bewundern. Er hält sich für etwas Besseres und zeichnet sich

durch Selbstüberhöhung aus. Narzissten sind überzeugt, dass ihnen Ruhm zusteht.

Der Machiavellist
Im Umgang mit Kollegen sieht er vor allem ihre Nützlichkeit zur Erreichung seiner Ziele. Er kann sich gut in andere hineinversetzen, tut dies aber nur, wenn es seinem Interesse dient – er hat eine »Empathie mit Tunnelblick«. Um seine Ziele zu erreichen, gibt es für den Machiavellisten keine Grenzen. Im Vergleich zum Narzissten ist er realistischer in Bezug auf seine eigene Person.

Der Psychopath
Für ihn typisch sind seine rücksichtslosen Verhaltensweisen. Sein Charakter zeichnet sich vor allem durch hohe Impulsivität und geringe Empathie aus. Im Unterschied zu den anderen beiden Persönlichkeitstypen hat er keine Angst vor Konsequenzen, was ihn kaltblütig werden lässt.

Allen drei Typen ist gemeinsam, dass sie egoistisch sind und ihr eigenes Wohl über das der anderen stellen. Den Unterschied machen ihre Motivationen: Dem Narzissten geht es um Bewunderung, der Machiavellist will seine Ziele erreichen, und den Psychopathen interessiert die Handlung selbst. Die kanadischen Wissenschaftler prägten für diese drei Persönlichkeitsmerkmale den Begriff »die dunkle Triade«.

Sie müssen jetzt ganz stark sein: In ihrer nicht pathologischen Form schlummern »die dunklen drei« in uns allen. Hand aufs Herz, haben Sie sich nicht schon einmal selbst in ein besonders positives Licht gestellt, Ihre Ellbogen zur Erreichung Ihrer Ziele ausgefahren oder sich ohne Angst vor negativen Konsequenzen rücksichtslos verhalten? Sehen Sie! Wenn Sie herausfinden möchten, was da an »dunklen Mächten« in Ihnen wirkt, empfehle ich den kostenlosen Selbsttest auf der Website www.dark-triad.orientierungstest.ch. Bitte beachten Sie, dass es sich nur um einen Schnelltest handelt und dieser keine wirklich fundierte psychologische Aussage zulässt.

Wie in vielen Bereichen gilt auch hier: die Dosis macht das Gift. Eine US-amerikanische Forschergruppe um Ernest O'Boyle untersuchte im Jahr 2013, welchen Einfluss Mitarbeiter mit deutlichen Merkmalen der »dunklen Triade« auf das Unternehmen haben. Das Ergebnis: Auch wenn es positive Auswirkungen auf den Erfolg gibt, so wirkt das Verhalten auf Dauer wie Gift auf das Umfeld und ist somit kontraproduktiv. Studien belegen, dass zwei bis vier Prozent der Mitarbeiter Symptome einer »dunklen Triade« in pathologischer Ausprägung zeigen, bei Führungskräften liegt die Quote mit vier bis sechs Prozent etwas höher.

Wie erkennen Sie nun, ob Sie sich vor einem Kollegen in Acht nehmen sollten, da er narzisstische, machiavellistische oder psychopathische Züge hat oder womöglich eine Mischung aus allen dreien? Das ist gar nicht so einfach, denn besonders Narzissten wirken durch ihre Fassade des Erfolgs und des Selbstbewusstseins anfangs attraktiv. Sie schaffen es, anderen das Gefühl zu geben, von einem »großen Menschen« anerkannt zu werden.

Psychopathen dagegen haben auf den ersten Blick etwas Erfrischendes. Durch ihre unkomplizierte, souveräne Art wirkend sie sehr anziehend.

Machiavellisten wiederum sind wie Chamäleons. Sie können sich an ihr Umfeld anpassen und wirken dadurch nahbar und freundlich. Das ist Teil ihrer manipulativen Strategie.

All das sind Eigenschaften, die dazu beitragen, die Warnmechanismen bei uns auszuschalten, sodass wir diesen Menschen in die Falle tappen. Deshalb spricht der amerikanische Forscher Robert Hare in diesem Zusammenhang auch von »sozialen Raubtieren«.

Hier eine Übersicht von Verhaltensweisen, an denen Sie Kollegen erkennen, die unter Umständen von der »dunklen Triade« betroffen sind:

Typisches Verhalten von Narzissten

- spielen sich aktiv in den Vordergrund
- hören sich selbst gerne reden
- lassen andere nicht zu Wort kommen
- ignorieren gute Vorschläge
- schauen nur darauf, was gut für sie ist, alles andere ist ihnen egal
- weisen Kritik grundsätzlich von sich
- nehmen die Anerkennung für Erfolge gerne an, gestehen aber niemals Schuld am Misserfolg ein
- lassen andere warten
- von wem sie keine Anerkennung bekommen, den lassen sie fallen

Typisches Verhalten von Machiavellisten

- spinnen Intrigen
- streuen bewusst Falschinformationen
- nutzen eher Täuschung als Gewalt
- nutzen Moral der anderen nur zur Erreichung ihrer persönlichen Ziele

- reden schlecht über andere hinter deren Rücken
- zeigen vor allem Einsatz, wenn sie sich damit profilieren können
- gehen nur Freundschaften ein, wenn sie ihnen nützlich sind

Typisches Verhalten von Psychopathen

- sind überdurchschnittlich intelligent
- sind extrem risikobereit und selbstsicher
- zeigen übersteigerte Impulsivität und Launenhaftigkeit
- reagieren oft über
- sind extrem charmant
- lügen und täuschen
- reden sich mit neuen Lügen heraus, wenn sie ertappt werden
- zeigen keine Reue
- spüren nur selten Angst
- sind stressresistent
- bleiben in herausfordernden Situationen ruhig
- sind unzuverlässig und missachten Verpflichtungen
- sind selbstgefällig
- sind unfähig, tiefe Emotionen zu empfinden

Machiavellisten sind übrigens grundsätzlich schwieriger zu erkennen als Narzissten oder Psychopathen, weil sie sehr nett und zugewandt wirken.

Bitte seien Sie vorsichtig mit voreiligen Diagnosen. Nur weil jemand ab und zu ein paar dieser Verhaltensweisen an den Tag legt, gehört er noch nicht zur »dunklen Seite der Macht«. Wenn ein Kollege allerdings kontinuierlich viele der aufgelisteten Anzeichen zeigt, dann sollten Sie wachsam sein.

Im Folgenden und auch zu guter Letzt gebe ich Ihnen Handlungsoptionen an die Hand, mit denen Sie sich vor den manipulativen Machenschaften der Anhänger der »dunklen Triade« schützen können.

So schützen Sie sich vor Manipulationen

Zu erkennen, welche Kollegen Ihnen eine klebrig süße Falle auslegen, ist die eine Sache, aber wie sorgen Sie dafür, dass Sie nicht hineintreten?

Folgende Gegenstrategien empfehlen sich bei Narzissten, Machiavellisten und Psychopaten:

- Prüfen Sie die Behauptungen dieser Kollegen anhand von anderen Quellen auf ihren Wahrheitsgehalt.
- Hinterfragen Sie die Entscheidungen dieser Kollegen in Bezug auf Unternehmensinteressen und Risiken.
- Sprechen Sie mit diesen Kollegen so wenig wie möglich über Persönliches oder Vertrauliches, um ihnen keine neue Munition zu liefern.
- Bleiben Sie auf Abstand zu diesen Kollegen. Sowohl emotional als auch räumlich.
- Lassen Sie sich nicht vom Charme und der besonderen Freundlichkeit dieser Kollegen blenden.
- Lassen Sie sich von diesen Kollegen nicht gegen Ihren Willen durch Drohungen oder Mitleid zur Unterstützung verleiten.

Sollte sich Ihr Anfangsverdacht bestätigen, dann sprechen Sie in jedem Fall mit Ihrem Vorgesetzten darüber. Bleiben Sie dabei möglichst sachlich und schildern Sie konkrete, nachweisbare Situationen, in denen der Kollege seine eigenen Interessen anstelle der Firmeninteressen in den Vordergrund gestellt hat oder Kollegen manipuliert oder sogar gemobbt hat. Es ist wichtig, dass Sie von Ihrem Chef als glaubwürdig wahrgenommen werden und nicht als jemand, der aus reinem Selbstzweck seine Kollegen in die Pfanne hauen will.

Damit Sie ein besseres Gefühl dafür bekommen, wie andere versuchen könnten, Sie zu manipulieren, möchte ich Ihnen einige der typischen Techniken und dazu passende Abwehrmöglichkeiten vorstellen.

Das Prinzip der Gegenseitigkeit (Reziprozitätsregel)

Der Kollege tut Ihnen einen Gefallen und macht Ihnen dann ein schlechtes Gewissen, indem er behauptet, dass Sie ihm nun auch einen Gefallen schuldig seien. Diese Technik ist so perfide, weil das Prinzip von »Geben und Nehmen« bei uns gesellschaftlich verankert ist und wir deshalb aus Reflex mit einer Gegenleistung reagieren. Solange es zu einem weitgehend ausgeglichenen Austausch führt, profitieren alle davon. Manipulative Kollegen nutzen diesen Mechanismus aber, um Sie dazu zu verleiten, Dinge zu tun, die eigentlich nicht in Ihrem Interesse sind und nur dem Kollegen selbst dienen oder in keinem Verhältnis zu dem stehen, was er für Sie getan hat.

Gegenmaßnahme

Sich Bedenkzeit ausbitten, wenn der Kollege seinen Gefallen einfordert, und dann gegebenenfalls den Gefallen ablehnen mit dem Hinweis, ihn gerne an anderer Stelle zu unterstützen.

Die Beharrungsfalle

Erst der kleine Finger, dann die ganze Hand – das ist das Grundprinzip dieser Manipulationstechnik. Der Kollege verleitet Sie mit einem ersten kleinen Schritt, sich in die Richtung zu bewegen, in der er Sie gerne hätte, und überredet Sie dann, immer weiter zu gehen. Er bittet Sie zum Beispiel um den kleinen Gefallen, kurz über einen Text zu lesen, und am Ende sind Sie derjenige, der den Text an seiner Stelle komplett überarbeitet. Hier wird mit unserem Commitment gespielt, nach dem Motto »Wer A sagt, muss auch B sagen!« oder »Was angefangen wurde, muss auch zu Ende gebracht werden!«.

Gegenmaßnahme
Wenn Sie nach dem ersten kleinen Gefallen um den nächsten gebeten werden, nehmen Sie sich eine kurze Bedenkzeit und fragen Sie sich, ob Sie das wirklich wollen. Selbst wenn Sie spontan schon dem nächsten Schritt zugestimmt haben, können Sie auch im Nachhinein dem Kollegen noch eine Absage erteilen.

Herdentrieb

Wir Menschen sind nun mal Herdentiere. Dass viele andere etwas unterstützen, gilt uns als Beweis seiner Richtigkeit. Diese psychologische Tatsache nutzen manche Kollegen gerne, um Sie zu manipulieren. »Die anderen Kollegen haben sich auch bereit erklärt, Überstunden zu machen!« – und schon wollen wir nicht aus der Reihe tanzen und bleiben länger im Büro. Dabei nehmen die Manipulatoren es nicht immer so genau mit der Wahrheit. Wenn am Ende alle dableiben, weiß doch eh keiner mehr so genau, ob es wirklich von Anfang an auch nur einen einzigen Kollegen gab, der den Überstunden zugestimmt hatte.

Gegenmaßnahme
Je genauer Sie wissen, was Sie wirklich wollen, desto leichter können Sie dem erzeugten Gruppenzwang widerstehen.

Die Autoritätsfalle

Manipulative Kollegen verstecken sich gerne hinter (vermeintlichen) Autoritäten:

»Die Geschäftsführung will ...«

»Ich habe ja einen Abschluss in XY, und deshalb kannst du mir glauben, wenn ich sage ...«

Wir nehmen das oft nickend hin in der Annahme, dass alles der Wahrheit entsprechen muss, wenn so wichtige und erfahrene Menschen es sagen. Auf diese Art hat der Kollege leichtes Spiel damit, uns seine Lügen unterzujubeln.

Gegenmaßnahme

Hier gilt: Wissen ist Macht. Überprüfen Sie Behauptungen und machen Sie sich ein eigenes Bild, auch wenn Ihr Kollege sich darüber echauffieren sollte. Wenn alles, was er gesagt hat, wahr ist, könnte er ja ganz ruhig bleiben ... oder?

Wiederholung

Diese Technik funktioniert wie eine Gehirnwäsche. Die ständige Wiederholung einer Unwahrheit sorgt dafür, dass wir sie irgendwann als Wahrheit annehmen. Das Prinzip ist: »Steter Tropfen höhlt den Stein.« Dadurch, dass der manipulative Kollege an verschiedenen Stellen dieselbe Lüge verbreitet, wird sie irgendwann zu einem Selbstläufer, und Sie hören von allen Seiten dasselbe. Dann muss da ja auch was dran sein ... glauben wir zu Unrecht und gehen den linken Machenschaften des Kollegen auf den Leim.

Gegenmaßnahme

Wach bleiben und auch hier wieder Behauptungen hinterfragen, um Details und konkrete Beweise bitten. Suchen Sie sich andere, vertrauenswürdige Quellen, um den Wahrheitsgehalt zu überprüfen.

Emotionalisierung

Sie wissen ja schon aus früheren Kapiteln, dass wir Menschen von Emotionen gesteuert werden. Das wissen auch die Psychopathen und Co., wenngleich sie selbst eher kühl und berechnend sind. Wenn sie Sie auf der Sachebene nicht zu etwas bewegen können, dann wird an Ihr Schuldgefühl appelliert, die Mitleidskarte gespielt, Ihre Eitelkeit gekitzelt oder Sie werden durch übertriebene Horrorszenarien aus der Reserve gelockt.

Gegenmaßnahme
Versuchen Sie, sachlich zu bleiben. Selbst wenn Sie in die emotionale Falle tappen, können Sie immer noch Ihre Zusage im Nachhinein revidieren, sollten Sie nicht dahinterstehen.

Selektive Information

Das Betonen oder Weglassen von Informationen ist ein beliebter Manipulationstrick. Will der Kollege Sie von seiner Idee überzeugen, dann verschweigt er einfach die negativen Konsequenzen, hebt die Vorteile hervor, und wenn er einen besonders guten Tag hat, erfindet er noch ein paar Aspekte dazu, von denen er weiß, dass Sie sie gerne hören.

Gegenmaßnahme
Fragen Sie gezielt nach Nachteilen und weiteren Informationen. Bitten Sie den Kollegen offensiv darum, das Thema in größerer Runde zu besprechen, um noch andere Meinungen zu hören. Lassen Sie den Kollegen seine Quellen nennen und informieren Sie sich dort selbst.

Killerphrasen

Totschlagargumente sind wie eine solide Betonwand, die Ihr Kollege Ihnen vor die Nase setzt. Damit versucht er, Sie auszubremsen und jegliche weitere Diskussion abzuwürgen. Typische Killerphrasen sind:

- »Das haben wir schon immer so gemacht!«
- »Das geht sowieso nicht!«
- »Das geht uns nichts an!«
- »An deiner Stelle würde ich das auch behaupten.«

Gegenmaßnahme

Rechtfertigen Sie sich auf keinen Fall, denn dann hätte der Kollege sein Ziel erreicht. Hinterfragen Sie stattdessen seine pauschalen Aussagen:

»Was genau meinst du mit ›immer‹?«

»Was spricht aus deiner Sicht dafür, es weiter so zu machen wie bisher?«

»Wieso genau glaubst du, dass es nicht geht?«

»Wie könnte es vielleicht doch gehen?«

»Weshalb glaubst du, dass es uns nichts angeht?«

»Wieso genau glaubst du, dass es nur eine Behauptung ist?«

Grundsätzlich gilt: Der beste Schutz vor Manipulation ist Ihre Selbstsicherheit. Wenn Sie in sich ruhen, sind Sie schwerer zu manipulieren, da viele Techniken darauf basieren, Zweifel zu säen oder ein schlechtes Gewissen zu machen.

Ich wünsche Ihnen, dass Sie sich möglichst wenig vor Kollegen schützen müssen, die ein falsches Spiel mit Ihnen treiben, und Sie viel häufiger »WOW!«-Momente und Spaß mit Ihren Mitstreitern haben.

Und jetzt ist es so weit: Der Abschied naht. Zumindest in diesem Medium. Lassen Sie es uns kurz und schmerzlos machen.

Nachwort

Auch wenn dies das Ende des Buches ist, hoffe ich, dass jetzt für Sie eine neue, bessere Zeit mit Ihren Kollegen beginnt. Damit die Dinge, die ich Ihnen hier vermittelt habe, wirklich funktionieren, gehört noch eine magische Zutat dazu: »Machen!« Genauso wie Sie keine Muskeln bekommen, wenn Sie Bücher über Fitnesstraining nur lesen, ohne die Übungen daraus anzuwenden, wird sich auch an dem Umgang mit Ihren Kollegen nichts ändern, wenn Sie nichts von dem umsetzen, was Sie hier gelesen haben.

Manchmal gehört Mut dazu, das »WOW!-Prinzip« zu leben, denn es bedeutet auch, sich selbst den Spiegel vorzuhalten und sich verletzlich zu zeigen. Ich verspreche Ihnen: Ihr Mut wird belohnt werden.

Noch ein kleiner Impuls zum Schluss: Lassen Sie doch einfach das Buch an Ihrem Arbeitsplatz gut sichtbar herumliegen. Der eine oder andere Kollege wird Sie darauf ansprechen, und damit haben Sie einen eleganten Gesprächseinstieg, um die zwischenmenschlichen Themen zu klären, die Sie vielleicht mit ihm haben.

Ich bin gespannt, welche positiven Veränderungen Sie dank des »WOW!-Prinzips« erleben, und freue mich, wenn Sie mir darüber berichten. Meine Kontaktdaten finden Sie auf meiner Homepage www.mathias-fischedick.de

Jetzt liegt die Entscheidung bei Ihnen: Gegeneinander kämpfen oder miteinander spielen?

Danke

Zum Glück gibt es auch diese »Kollegen«, die einem nicht nur das Überleben leicht machen, sondern darüber hinaus dafür sorgen, dass das Zusammenspiel besonders viel Spaß macht.

Ich möchte mich bei diesen besonderen Menschen bedanken, die bewusst oder unbewusst dazu beigetragen haben, dass dieses Buch zu dem geworden ist, was Sie gerade in Händen halten.

Hätte Oliver Versch mich bei der Produktion der Hörbuchversion von »Wer es leicht nimmt, hat es leichter« nicht gefragt, ob ich mit ihm eine Radioserie produzieren möchte, hätte ich die Idee für dieses Buch gar nicht entwickelt. Danke, Oliver, für dein Vertrauen und deine Energie und auch für den Titel, denn »Überleben unter Kollegen« entspringt seinem kreativen Hirn und ist auch der Name der Radioserie, die wir seit Februar 2018 zusammen herstellen.

Danke dem Piper Verlag. Danke, Anne Stadler, für dein Vertrauen in mich und das Thema und danke, Anja Hänsel, für deine offene, konstruktive Art und das spannende Mittagessen über den Dächern Salzburgs.

Bernd Slaghuis war wieder mal mein »Mann mit dem Rotstift« und hat mit seinen manchmal etwas anstrengenden Kritiken dafür gesorgt, dass das Buch noch strukturierter, klarer und besser geworden ist. Danke, Bernd, dass du dir trotz vollem Terminkalender die Zeit dafür genommen hast. Wenn Sie vorhaben, Ihren Job zu wechseln, dann ist er Ihr Mann. Bernd ist einer der besten Experten für berufliche Neuorientierung.

Ich werde manchmal gefragt, woher ich mein Wissen habe. Aus Büchern, eigenen Erfahrungen, Coachinggesprächen und dem Austausch mit Kollegen. Ohne das Wissen, das meine Coach-, Trainer- und Rednerkollegen freundschaftlich mit mir teilen, wäre ich nicht da, wo ich jetzt stehe. Deshalb besonderen Dank an Beate Junginger, Martin Horn, Isabel Garcia, Dr. Klaus Biedermann, Stefanie Oehler, Sandra Göring, Janine Knörr, Arnt Stumpf und Stephan Grimm.

Martin Reinl, der in meinen Augen beste Puppenspieler der Welt, war auch an diesem Buch wieder beteiligt. Diesmal hat er mit seinen Zeichnungen die Kollegentypen dargestellt. Danke Martin für die liebevolle und kreative Detailarbeit.

Sarah Lukas hat dazu beigetragen, dass das Schreiben diesmal schneller von der Hand ging, denn sie ist Tipptrainerin und hat mir innerhalb von zwei halben Tagen auf magische Weise das Zehnfingersystem beigebracht. Vielen Dank Sarah, du ahnst gar nicht, wie sehr du mir damit geholfen hast.

Zu guter Letzt danke ich meinen Eltern dafür, dass sie meine Neugier für andere Menschen unterstützt haben, einen der wichtigsten Faktoren beim »WOW!-Prinzip«. Spätestens seitdem ich Coach bin, weiß ich diese Fähigkeit sehr zu schätzen. Danke euch beiden – ihr habt bei meiner Erziehung einen super Job gemacht!

Anhang

Werte

Abenteuer, Abwechslung, Achtsamkeit, Achtung, Aggressivität, Akribie, Aktualität, Akzeptanz, Altruismus, Anerkennung, Anpassungsfähigkeit, Anschluss, Anstand, Antrieb, Anwendbarkeit, Anziehungskraft, Aufgeschlossenheit, Aufopferung, Aufrichtigkeit, Ausbildung, Ausdauer, Ausdrucksfähigkeit, Ausgeglichenheit, Ausgelassenheit, Authentizität, Ästhetik

Bedachtsamkeit, Beflissenheit, Bedeutung, Befreiung, Begeisterung, Begierde, Beharrlichkeit, Beherrschung, Beliebtheit, Bereitschaft, Bereitwilligkeit, Bescheidenheit, Beschränkung, Besonnenheit, Bestätigung, Bestimmung, Bewusstsein, Bindung, Brauchbarkeit, Brillanz

Charisma, Charme, Coolness

Dankbarkeit, Demut, Dienst und zu dienen, Diplomatie, Diskretion, Disziplin, Dominanz, Dreistigkeit, Durchsetzungsvermögen/Durchsetzungskraft, Dynamik

Edelmut, Effektivität, Effizienz, Ehre, Ehrfurcht, Ehrgeiz, Ehrlichkeit, Eifer, Eigenständigkeit, Einfachheit, Einfallsreichtum, Einfluss, Einfühlsamkeit/Einfühlungsvermögen, Einheit, Einsamkeit, Einsicht, Einsichtigkeit, Einzigartigkeit, Ekstase, Elastizität, Eleganz, Empathie, Energie, Engagement, Entdeckung, Enthusiasmus, Entschlossenheit, Entschiedenheit, Entspannung, Erfahrung, Erfolg, Erfindungsreichtum/Erfindungsgabe, Erhabenheit, Erholung, Ermutigung, Ernsthaftigkeit, Errungenschaft, Ethik, Expertise, Extravaganz, Extraversion, Exzellenz

Fähigkeit, Fairness, Familie/Familiensinn, Fantasie, Faszination, finanzielle Unabhängigkeit, Findigkeit, Fitness, Fleiß, Flexibilität, Flow, Fokus, Freiheit, Freizügigkeit, Freude, Freundlichkeit, Freundschaft, Frieden, Frohmut, Frohsinn, Frömmigkeit, Führung, Fülle, Furchtlosigkeit, Fürsorge

Gastfreundschaft, Geben, Gehorsam, Gelassenheit, Genauigkeit, Genügsamkeit, Genuss, Gerechtigkeit, Gerissenheit, Geschicklichkeit, Geschwindigkeit, Gemütlichkeit, Geselligkeit, Gesundheit, Gewandtheit, Gewinn, Gewissheit, Glaube, Glaubwürdigkeit, Glück/Glückseligkeit, Gnade, Großzügigkeit, Gründlichkeit, Güte, Gutmütigkeit

Harmonie, Hartnäckigkeit, Heiligkeit, Heimlichkeit, Heiterkeit, Herausforderung, Herkunft, Herz, Herzlichkeit, Hilfsbereitschaft, Hingabe, Hochgefühl, Hoffnung, Höflichkeit, Humor, Hygiene

Idealismus, Innovation, Inspiration, Integrität, Intelligenz, Intensität, Intimität, Introvertiertheit, Intuition

Jugendlichkeit

Kameradschaft, Klarheit, Klugheit, Komfort, Kommunikation, Kongruenz, Kontinuität, Kontrolle, Konzentration, Kooperation, Kreation, Kreativität, Kühnheit

Lebendigkeit, Lernen, Lebhaftigkeit, Leidenschaft, Leistung, Liebe, Logik, Loyalität, Lust

Macht, Männlichkeit, Mäßigung, Meisterschaft, Milde, Minimalismus, Mitgefühl, Mode, Motivation, Mündigkeit, Mut

Nachdenklichkeit, Nachhaltigkeit, Nächstenliebe, Nähe, Neugier, Nutzen

Offenheit, Opportunismus, Optimismus, Optimierung, Ordnung/Ordnungsliebe, Organisation, Originalität

Perfektion, Persistenz, Pflege, Pflicht, Philanthropie, positives Denken, Potenz, Pragmatismus, Präsenz, Präzision, Privatsphäre, Proaktivität, Produktivität, Professionalität, Pünktlichkeit

Qual, Qualität, Querdenken

Raffinesse, Rätselhaftigkeit, Realismus, Reflektion, Reichhaltigkeit, Reichtum, Reife, Reinheit, Reinlichkeit, Religiosität, Respekt, Revolution, Ruhe, Ruhm

Sauberkeit, Scharfsinn, Schläue, Schönheit, Schöpfung, Schwung, Selbstbeherrschung, Selbstbeobachtung, Selbstentwicklung, Selbstliebe, Selbstlosigkeit, Selbstvertrauen, Sensitivität, Sexualität, Sicherheit, Signifikanz, Sinn, Sinnlichkeit, Sittsamkeit, Solidarität, Sorgfalt, Spannung, Sparsamkeit, Spaß, Spiritualität, Spontaneität, Stabilität, Stärke,

Stille, Strebsamkeit, Strenge, Stringenz, Struktur, Sympathie, Synergie

Tapferkeit, Teamplay, Teilnahme, Tiefe, Toleranz, Tradition, Transzendenz, Treue, Tugend

Überfluss, Überlegenheit, Überraschung, Überzeugung, Umgänglichkeit, Unabhängigkeit, Unerschrockenheit, Unerschütterlichkeit, Unparteilichkeit, Unterhaltung, Unterstützung, Unterscheidung, Unverfälschtheit, Unvoreingenommenheit, Urteilsfähigkeit

Verantwortung, Verbindung, Vergebung, Verehrung, Vergnügen, Vermögen, Vernunft, Verspieltheit, Verständnis, Vertrauen, Vertrauenswürdigkeit, Verwandtschaft, Vielfalt, Vision, Vitalität, Vollendung

Wachsamkeit, Wachstum, Wahrheit, Wahrnehmung, Wärme, Weiblichkeit, Weisheit, Wertschätzung, Widerstandsfähigkeit, Wildheit, Widmung, Wirksamkeit, Wirtschaftlichkeit, Wissen, Wissensdurst, Witz, Wohlbefinden, Wohlgefallen, Wohlstand, Wohlwollen, Würde

Zeitlosigkeit, Zufriedenheit, Zugänglichkeit, Zugehörigkeit, Zuneigung, Zuverlässigkeit, Zweck

Emotionen

abgehängt, abgekanzelt, abgeneigt, abgespannt, abgestellt, abhängig, abwehrend, abwesend, aggressiv, agil, ahnungslos, aktiv, alarmiert, albern, alleingelassen, ambivalent, andächtig, angeekelt, angenehm, angenommen, angeregt, angespannt, angewidert, ängstlich, angstverzerrt, angstvoll, anstrengend, antriebslos, apathisch, ärgerlich, argwöhnisch, arrogant, asozial, atemlos, aufgebracht, aufgedreht, aufgekratzt, aufgeräumt, aufgeregt, aufgewühlt, ausgebootet, ausgeglichen, ausgelassen, ausgelaugt, ausgeliefert, ausgenutzt, ausgeruht, ausgestoßen, ausweglos

bedauernd, bedrängt, bedroht, bedrückt, beeindruckt, befangen, beflügelt, befreit, befriedigt, begeistert, begierig, begrenzt, behaglich, behütet, beklommen, bekümmert, beladen, belästigt, belastet, belebt, beleidigt, belustigt, benebelt, beobachtet, berauscht, bereichert, berührt, beruhigt, beschämt, beschützt, beschwert, beschwingt, besorgt, bestürzt, betäubt, betroffen, betrogen, betrübt, beunruhigt, bewegt, bewegungslos, bezaubert, bitter, blau, blockiert, boshaft, brummig

Chancenlos, charmant, cool

dankbar, depressiv, deprimiert, desinteressiert, desorientiert, distanziert, dünnhäutig, düster, dumpf, durcheinander, durstig

eifersüchtig, eifrig, eingeengt, eingeschüchtert, einmalig, einsam, eitel, ekelerfüllt, elektrisiert, elend, empfindlich, empört, energiegeladen, energielos, energisch, engagiert, enthusiastisch, entlastet, entmutigt, entrüstet, entschieden, entschlossen, entsetzt, entspannt, enttäuscht, entzückt, erfreut, erfrischt, erfüllt, ergeben, ergriffen, erheitert, erhitzt, erledigt, erleichtert, ermüdet, ermuntert, ermutigt, erniedrigt, ernüchtert, erregt, erschlagen, erschöpft, erschrocken, erschüttert, erstarrt, erstaunt, ertappt, erwartungsfroh, erwartungslos, erwartungsvoll, euphorisch, explosiv, extrovertiert

fade, fassungslos, fasziniert, faul, feindselig, feinsinnig, fesselnd, frei, fremd, freudestrahlend, freudig, freudlos, freundlich, friedlich, friedlos, fröhlich, froh, frustriert, fürchterlich, fürsorglich, furchtlos, furchtsam

gebannt, geborgen, gedemütigt, gedrängt, geehrt, gefangen, gefasst, gefesselt, gefühlvoll, gehässig, gehemmt, geil, geknickt, geladen, gelähmt, gelangweilt, gelassen, geliebt, gelöst, gemütlich, genervt, genötigt, gequält, gerädert, gereizt, gerührt, geschlaucht, geschockt, geschützt, geschwächt, gespannt, gestresst, gewürdigt, gezwungen, gierig, glänzend, gleichgültig, glücklich, glückselig, grantig, gütig

hasserfüllt, heiter, hektisch, hellwach, hässlich, hilflos, hingerissen, hintergangen, hin- und hergerissen, hocherfreut, hoch motiviert, hochzufrieden, hoffnungslos, hoffnungsvoll, hübsch, hungrig

inspiriert, instabil, interesselos, interessiert, introvertiert, irritiert

jähzornig, jämmerlich

kalt, kaputt, klar, konfus, konsterniert, kräftig, kraftlos, kraftvoll, krank, kribbelig, kritisch, kühl, kummervoll labil, lahm, lasch, lebendig, lebensfreudig, lebhaft, leblos, leer, leicht, leidenschaftlich, leidtragend, leistungsstark, lethargisch, liebevoll, lieblos, locker, lüstern, lustig, lustlos, lustvoll

machtlos, machtvoll, matt, melancholisch, mildtätig, missgestimmt, misslaunig, missmutig, misstrauisch, mitfühlend, mitgenommen, motiviert, müde, mürrisch, munter, mutig, mutlos

nachdenklich, naiv, neidisch, nervös, nett, neugierig, niedergeschlagen, nutzlos

Offen, ohnmächtig, optimistisch, orientierungslos

panisch, passiv, peinlich, perplex, pervers, pessimistisch, phlegmatisch, positiv, präsent

qualvoll, quengelig

rasend, rastlos, ratlos, reich, resigniert, respektvoll, ruhelos, ruhig

Satt, sauer, scheu, schläfrig, schlaff, schlaftrunken, schlapp, schlecht, schlecht gelaunt, schockiert, schrecklich, schüchtern, schutzbedürftig, schutzlos, schwach, schwer, schwermütig, schwindelig, schwunglos, schwungvoll, sehnsüchtig, selbstsicher, selbstwirksam, selig, sensibel, sentimental, sexy, sicher, sinnlich, sinnlos, skeptisch, sorgend, sorgenfrei, sorgenvoll, sorglos, speiübel, stark, starr, sterbenskrank, stimmungsvoll, stolz, streitlustig, stressfrei

tapfer, tatkräftig, teilnahmslos, todkrank, todlangweilig, todmatt, todmüde, todschick, todsicher, todstill, todtraurig, todunglücklich, tot, träge, transzendent, trauernd, traurig, treu, triumphierend, trostlos, trotzig, trübsinnig

Übel, übellaunig, überarbeitet, überdrüssig, überfordert, überglücklich, überlastet, überlegen, übermannt, übermütig, überrascht, überrumpelt, überschäumend, überwältigt, überzeugt, unangenehm, unausgeglichen, unbeeindruckt, unbehaglich, unbekümmert, unbeschwert, unbeteiligt, unentschlossen, unerfüllt, unerschütterlich, ungeduldig, ungehalten, ungemütlich, ungestüm, ungezogen, unglücklich, unnahbar, unruhig, unschlüssig, unsicher, unterdrückt, unterlegen, unterstützt, unverstanden, unwiderstehlich, unwillig, unwohl, unzufrieden

Verängstigt, verärgert, verbittert, verblüfft, vereinsamt, verfallen, vergnügt, verknallt, verkrampft, verlassen, verlegen, verletzbar, verletzt, verliebt, verloren, verraten, verrückt, verschlafen, verschlossen, verschreckt, verspannt, verspielt, verstanden, verstimmt, verstört, vertrauensvoll, vertraut, verunsichert, verwirrt, verwundert, verzagt, verzaubert, verzückt, verzweifelt

Wach, wahnsinnig, warmherzig, wehmütig, weinerlich, widerstrebend, widerwillig, willig, wissbegierig, wohl, wütend, wutentbrannt

Zärtlich, zaghaft, zappelig, zerbrochen, zerknirscht, zermürbt, zerrissen, zerstreut, zickig, ziellos, zittrig, zögerlich, zornig, zufrieden, zugehörig, zugeneigt, zugewandt, zurückgezogen, zutraulich, zuversichtlich, zweifelnd, zwiespältig, zynisch

Test »Mein Konfliktstil«

Kreuzen Sie bitte bei jeder Frage die Antwort an, die am ehesten zutrifft. Bitte jeweils nur eine Antwort.

1. Wie fühlen Sie sich während Auseinandersetzungen?

a) Es erleichtert mich, wenn ich meine angestaute Wut rauslassen kann.

b) Ich fühle mich befangen und bin froh, wenn es halbwegs glimpflich ausgeht.

c) Ich bin ängstlich, denn Konflikte gehen selten gut aus.

d) Ich bin zuversichtlich, dass wir eine Lösung finden, auch wenn es vielleicht erst mal anstrengend ist.

e) Ich bin unsicher, denn ich habe Sorge, dass die Harmonie verloren geht.

2. Sie ärgern sich über das Verhalten eines Kollegen. Was tun Sie?

a) Ich versuche zu verstehen, warum der Kollege sich so verhalten hat, und passe mich dann entsprechend in meinem Denken und Handeln an.

b) Ich gehe dem Kollegen aus dem Weg, bis ich ruhiger geworden bin, und spreche vielleicht mit anderen über das Thema. Dann lasse ich die Sache aber auf sich beruhen.

c) Ich zeige ihm klar die Grenzen auf. Dabei werde ich auch manchmal lauter.

d) Ich spreche bei dem Betreffenden offen an, dass ich mich über sein Verhalten geärgert habe, und erläutere, warum. Dann frage ich ihn nach seiner Position und entwickle mit ihm zusammen eine Lösung.

e) Ich bitte ihn, etwas mehr Rücksicht auf mich zu nehmen, und zeige dann auch ihm gegenüber mehr Rücksicht.

3. Ein Kollege ist in einem Meeting anderer Meinung als der Rest. Er beharrt immer wieder auf seinem Standpunkt und die anderen Teilnehmer sind davon genervt. Wie reagieren Sie?

a) Um die Gemüter zu beruhigen, bitte ich den Kollegen, einsichtig zu sein und den Standpunkt der anderen zu unterstützen.

b) Ich vermittele zwischen ihm und dem Rest der Teilnehmer, sodass man sich gegenseitig zuhört und die Argumente beider Seiten in die Überlegungen mit einbezieht.

c) Ich mache mich dafür stark, dass er in Ruhe seine Sichtweise darlegen darf. Wenn er damit die Meinung der anderen Teilnehmer aber nicht ändert, sollte er sich der Mehrheit fügen.

d) Der Kollege hält das ganze Meeting auf. Ich spreche offen an, dass er sich nun endlich der Mehrheit fügen soll, damit wir weitermachen können. Sollte er trotzdem weiter auf seinem Standpunkt beharren, würde ich vorschlagen, ohne ihn fortzufahren.

e) Ich halte mich bei dem Streitgespräch raus. Der Kollege ist für sich selbst verantwortlich.

4. Wie sollte sich der »ideale Chef« verhalten, wenn er vor anderen die Interessen seines Teams vertreten muss?

a) Er soll sich für unsere Interessen einsetzen und gleichzeitig offen für die Interessen der anderen sein, sodass man gemeinsame Lösungen findet, die für alle zufriedenstellend sind.

b) Er soll unsere Interessen vertreten, aber alles umgehen, was unser Team in eine Zwickmühle bringen könnte.

c) Er soll unsere Interessen offen vertreten und sich bei Streitigkeiten eher fügen, als auf unserem Standpunkt zu beharren, um das gute Miteinander nicht zu gefährden.

d) Er soll unsere Interessen um jeden Preis verteidigen.

e) Er soll unsere Interessen offen vertreten und bei Konflikten Zugeständnisse machen, um eine Einigung zu finden.

Testauswertung

Frage	Zusammenspiel	Kompromiss	Durchsetzen	Nachgeben	Vermeiden
1	D	B	A	E	C
2	D	E	C	A	B
3	B	C	D	A	E
4	A	E	D	C	B

Je mehr Antworten demselben Konfliktstil entsprechen, desto deutlicher ist seine Ausprägung bei Ihnen. Sollten Sie bei den Fragen 2 bis 4 unterschiedliche Ergebnisse haben, dann deutet das darauf hin, dass Sie je nach Situation etwas anders reagieren.

In den meisten Fällen ist »Zusammenspiel« die beste Strategie, um Konflikte nachhaltig zu lösen. Gleichzeitig haben auch die anderen Konfliktstile in gewissen Situationen ihre Berechtigung:

Zusammenspiel hat absolute Berechtigung, wenn...
... es um wichtige Themen geht.
... Sie eine dauerhaft gute Beziehung zu den Kollegen haben möchten.

Zusammenspiel hat weniger Berechtigung, wenn...
... schnell gehandelt werden muss, da es um die Gesundheit, das Leben oder die Abwendung von Schaden geht.
... Ihnen die gute Beziehung zu einem Kollegen egal ist – mit allen Konsequenzen.

Kompromiss hat absolute Berechtigung, wenn…

… schnell gehandelt werden muss.

… es keine Win-Win-Lösung gibt.

Kompromiss hat weniger Berechtigung, wenn…

… am Ende keiner wirklich zufrieden ist.

… es eine Win-Win-Lösung gäbe.

Durchsetzen hat absolute Berechtigung, wenn…

… dadurch die Gesundheit oder sogar das Leben eines Menschen geschützt werden kann.

… dadurch ein unangemessener Schaden verhindert werden kann.

Durchsetzen hat weniger Berechtigung, wenn…

… Sie damit einen unangemessenen Schaden anrichten.

… es eine Win-Win-Lösung gäbe.

Nachgeben hat absolute Berechtigung, wenn…

… das Thema für den anderen extrem wichtig ist.

… viele Leute unter einen Hut gebracht werden müssen.

Nachgeben hat weniger Berechtigung, wenn…

… Ihnen etwas ausgesprochen wichtig ist.

… es eine Win-Win-Lösung gäbe.

Vermeidung hat absolute Berechtigung, wenn…

… dadurch die Gesundheit oder sogar das Leben eines Menschen geschützt werden kann.

… dadurch ein unangemessener Schaden verhindert werden kann.

Vermeidung hat weniger Berechtigung, wenn ...
... es nicht um die Gesundheit oder sogar um Leben und Tod geht.
... Sie nicht alle anderen Konfliktstile bereits erfolglos ausprobiert haben.

Augen öffnend und leicht umsetzbar

Mathias Fischedick

Wer es leicht nimmt, hat es leichter

Wie wir endlich aufhören, uns
selbst im Weg zu stehen

Piper Taschenbuch, 256 Seiten
€ 11,00 [D], € 11,40 [A]*
ISBN 978-3-492-30513-6

Jeder kennt die Gedanken, die uns im Alltag blockieren: »Das schaffe ich nicht!«, »Ich kann ja eh nichts ändern!«, »Die anderen sind schuld!« Sie halten uns aber leider davon ab, unsere Potenziale zu nutzen und unsere Pläne in die Tat umzusetzen. Auf humorvolle Weise nimmt Mentalcoach Mathias Fischedick den Jammerlappen unter die Lupe, der sich in jedem von uns versteckt, und zeigt, wie wir uns mit einfachen Methoden aus der Negativspirale befreien können, um glücklicher und erfolgreicher durchs Leben zu gehen.

PIPER

Leseproben, E-Books und mehr unter www.piper.de

Einfach organisiert!

David Allen

Wie ich die Dinge geregelt kriege

Selbstmanagement für den Alltag.
Überarbeitete Neuausgabe 2015

Aus dem Amerikanischen von
Helmut Reuter
Piper Taschenbuch, 432 Seiten
€ 12,00 [D], € 12,40 [A]*
ISBN 978-3-492-30720-8

Eigentlich sollte man längst bei einem Termin sein, doch dann klingelt das Handy und das E-Mail-Postfach quillt auch schon wieder über. Für Sport und Erholung bleibt immer weniger Zeit und am Ende resigniert man ausgebrannt, unproduktiv und völlig gestresst. Doch das muss nicht sein. Denn je entspannter wir sind, desto kreativer und produktiver werden wir. Mit David Allens einfacher und anwendungsorientierter Methode wird beides wieder möglich: effizient zu arbeiten und die Freude am Leben zurückzugewinnen.

Leseproben, E-Books und mehr unter **www.piper.de**

PIPER

Warum erst unkonventionelle Ideen ein Unternehmen zum Erfolg führen

Robert I. Sutton

Der Querdenker-Faktor

Mit unkonventionellen Ideen zum Erfolg

Aus dem amerikanischen Englisch von Thorsten Schmidt
Piper Taschenbuch, 368 Seiten
€ 12,00 [D], € 12,40 [A]*
ISBN 978-3-492-31256-1

Innovation heißt das Zauberwort der Wirtschaft – aber wie wird man innovativ? Robert I. Sutton weiß es: indem man Querdenkern eine Chance gibt, die nicht glauben, was immer schon richtig war, und die schräge Lösungen spannender finden als kerzengerade. Denn alles ist möglich, sogar das Gegenteil, alles ist denkbar, auch was völlig verrückt scheint. Und vieles funktioniert in der Praxis besser, als wir glauben – wenn wir es nur versuchen und den Mut zum Querdenken haben.

PIPER